中國印象

酒店

陈卫新 编

辽宁科学技术出版社
·沈阳·

目录

前言

以“中国印象”为题，编一套书是困难的，就像我们用语言去形容一件宏大的事，很难找到词语间一一对应的准确关系。挂一漏万，在所难免。

印象，是模糊的、笼统的，并不来源于科学的计算。那些接触过的客观事物在人的头脑里留下的迹象，又总是指引着我们的设计观，影响着我们的生活。如果说，一定要用一个词贴切地描述这种“中国印象”，我想这个词就是东方艺术观的本质——写意。我们无法回到过去的语境谈写意，也无意将传统标签化、图式化，我们只能说这里集合呈现的是不同的文化背景、生活经验、个人爱好、项目需求下的中国室内设计作品，本身就是现实生活中时空交错的“中国印象”。

“中国印象”来源于生活。随着时间的变化，我们认识事物的角度与深度都会变化，或者越来越靠近，或者越来越疏离，只有“印象”会一直存在，成为一种有象征性的连接祖先的感受。“中国印象”就是这种感受的表达与传递。这种感受的多少、深浅并不依赖于物理空间上真实的远近，也许来源于视觉经验、来源于童年记忆，只是一团坚定的、向好的意象，是一种“人在旅途式”的心理依靠。从古至今，从文学、绘画、建筑、习俗、戏曲中看去，似乎每一个中国人都是在移动中的。战争、移民、商贸、学仕、贬离、流放，影响人一生的东西实在是太多了。人的一生可以跌宕起伏、经历丰富，但也可以非常的简单平常。古代文人对于日常生活审美化的追求，是由时代精神、政治模式、生活空间，甚至经济状况的改变而促成的，是时代的必然。李泽厚先生曾经认为，整个宋代“时代精神不在马上而在闺房，不在世间而在心境”。诗意的审美态度从来就不是抽象的，文人在日常生活中的审美需求，不期然间成了一种伟大的集体自觉。

“中国印象”来源于情感。中国人讲究“安居乐业”，有了住所，有了空间，便不再流离，可以往来酬酢，可以闭门索居。总之，以一个空间换来了内心深处的踏实。显然，这种中国印象不是偶然的，不是主观造作的，恰恰相反，它来源于传统，来源于生活中的情感。古人在“流动”中，从来没有放弃对这种空间感受的写意表达，唐代王维的终南山“辋川别业”可以说是私家园林之发端，是个人情趣与自然山水相互触发的结果。这种山居生活对王维的影响是显然的，王维擅长山水画，并创造了水墨渲淡之法。他说：“夫画道之中，水墨最为上，肇自然之性，成造化之功。或咫尺之图，写百千里之景。”这种“质”的发展，在于对自然山水体势和形质的长期观察、概括与提炼，这是空间带来的最直接的感受。王维有佛心，诗境、画境只是表达而已。在他的作品中，经常可以看到小中见大，从已知景象感知无限空间的审美经验。这其中通汇了灵魂深处情感的终极追求。从建筑或造园的意义上来说，他把自然景境中的虚实、多少、有无，按照人的视觉心理活动特点，形象地表现了出来。这也成了后来建筑造园、山水绘画及至当代禅意空间设计等思想方法上的一个基础。李泽厚先生有一个判断，古希腊追求智慧的那种思辨的、理性的形而上学，是狭义的形而上学。而中国有广义的形而上学，这就是对人的生命价值、意义的追求。古希腊柏拉图学园高挂“不懂几何学者不得入内”，中国没有这种传统。中国印象更多地来源于中国人的价值观。李泽厚在提及“审美形而上学”时说：“中国的‘情本体’，可归结为‘珍惜’，当然也有感伤，是对历史的回顾、怀念，感伤并不是使人颓废，事实上恰恰相反。”

“中国印象”来源于书画。中国的空间营造与诗文绘画是非常紧密的。唐宋间的绘画，多有建筑山水体裁。画者在其中常常流露出对于人居与自然关系的认识，对于故乡虚拟性的表达成为一种常态。有学者曾提出，传为李思训所做的《江帆楼阁图》应该是一组四扇屏风最左一扇，而非全图。这也许就是一种“历史的物质性”。似乎中国人的建筑一定是在自然山水中的，空间由此有开有合，有迎有避。立足处，即怀思起兴之所。建筑的门窗，室内的落地画屏，使空间的分隔更加灵活多变，居住的功能分配与自然山水地形地貌结合度极高。唐宋的绘画史记载过大量的画屏，这些可称为“建筑绘画”的作品大都已消失了，许多研究者发现若干经典作品首先是作为画屏而创作的。这样的画屏，是建筑空间中的“隔”，是目光远去之间的参照物，而其中绘制的建筑以及建筑远处的山水，与现实中的建筑山水形成了一种递进。在这种递进中，建筑本身作为一种审美记忆的情感，也渐渐地成了绘画艺术中的经典。文人乡愁似的山水画在造型上追求“简”，那些画中的林木萧疏，简笔行之，点皴率然，远山逶迤似逐日而去，空气清冽湿润，盘谷足音尚在。

“中国印象”来源于诗文。苏轼在《定风波》中写过，“常羡人间琢玉郎，天应乞与点酥娘。自作清歌传皓齿，风起，雪飞炎海变清凉。万里归来年愈少，微笑，笑时犹带岭梅香。试问岭南应不好？却道：此心安处是吾乡。”这样的故乡就是不在世间，而在心境。安妥的情感是传承至今的一种文化现象，是人与自然的关系，更是人与人的关系。古人心中的空间概念具有无法替代的神圣性，虽然它并不那么确定。这种有关于印象的“当代性”已不局限于某个特定时期，而是不同时代都可能存在对于生命本源的主动建构。放至当下，也许还意味着人们对于“现今”的自觉反思和超越。人生易老，岁月不居。《红楼梦》里写建筑，常常是实中有虚，虚中有实的。造园之法，即动静之法。中国园林是以文造园的，大观楼是大观园的主楼。“镜花水月”是太虚幻境的一次落实，这种静中之动，是微妙的，也恰能动得人心。贾政与一众清客为大观园中的亭子取名，以水为倚，宝玉取“沁芳”为名，让贾政拈髯点头不语。周汝昌先生按语：“‘沁芳’是宝玉第一次开口题名，仅仅二字却将全园之精神命脉囊括其中。既不粗陋，更显风流，不愧文采二字。”植物与大观园各处人物皆有对应之处。怡红院有花障，更显幽密。有活水源流，花团锦簇，玲珑剔透。有富贵闲人的气息。潇湘馆，前种竹后种芭蕉，清雅，有书卷气。探春的秋赏斋，描绘最为细腻。小园里前种芭蕉后栽梧桐，有其命运的潜兆。室内布置极大气，有黄花梨的大案，豪华的拔步床，充满了士大夫的气息。从符号学的体系来审视，《红楼梦》无非是“归空”与“还泪”两个主题。应该说，每个人心里面都有一个红楼梦，都有一个大观园。这就是典型的“中国印象”，对于室内设计来说，无论是静态的，还是动态的，在更新的方式出现以前，“新古典”与“解析重构”提供了当代设计表达的两个主要渠道。

好设计师一定善于写意，“中国印象”是每位设计师随身携带的遗传基因。我们尊重这种遗传基因的差别，不会因为他们作品的差异而排除其中的一部分。站在中国室内设计的某一处路口上，我们未必能看见很远的地方，但一定要知道我们从何处来。这是编辑这套书的初衷，对于每一位设计师来说，设计作品就是生命与时间的互证。

陈卫新

〇〇〇

精致生活品位

自然元素的融合

艾美精品酒店

工程档案

项目地点 中国，广东，深圳

竣工时间 2017年

设计单位 吴恙（深圳）室内设计公司

主设计师 吴恙

项目面积 300平方米

主要材料 烤漆玻璃、瓷砖、墙布

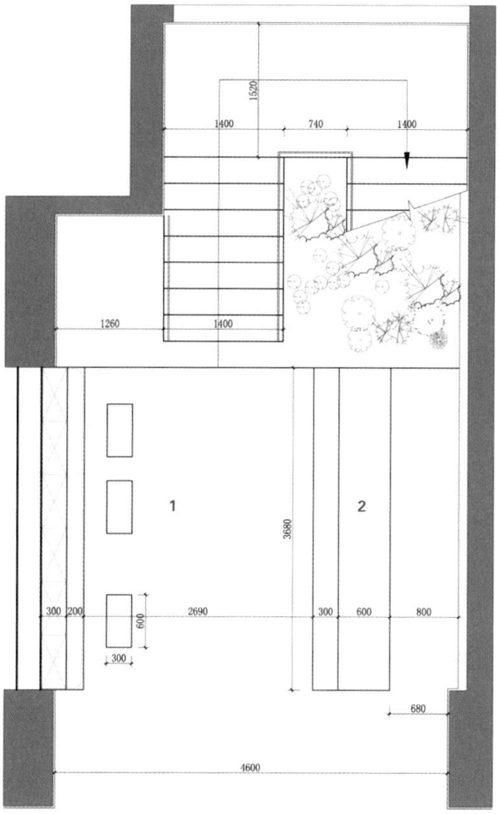

一层平面图

1. 大堂
2. 服务台

设计理念

艾美精品酒店位于深圳市罗湖区建设路汽车总站对面，与罗湖火车站近在咫尺，酒店路口日夜车水马龙、人流如织。虽然酒店的面积非常小，但是设计团队希望能够在满足房间数、造价等基本需求之外，在装饰上融入深圳曾经作为一个渔村和“蚝乡”的自然元素，让已经非常紧密的空间中呈现出文化内涵。

10
09

设计说明

酒店大堂采用鱼篓和蚝壳的装饰元素。一楼通往二楼的楼梯，整体采用米黄色调。在楼梯扶手的下面藏有灯光，并在显著位置做了“蚝乡”建筑的照片。天花吊灯是定制皮革硬包的黑色竖条，楼梯和走廊挂画采用非常优美的养殖场景和“蚝乡”建筑。酒店的门牌号做在“7”字型的金属门套的下部，通过灯光体现出来。二楼客房，由于空间非常小，并且有很多承重墙是不可拆除的，在保证走廊尽量简洁的情况下，整个空间的限制非常大。酒店共有 15 间房，最大的 20 多平方米，最小的只有 7 平方米，每个卫生间均定做了一幅喷绘玻璃鱼的图案，并且每个房间都不同。外观总体采用深灰色的氟碳漆，借用灯光来强调它的精致感和时尚感。

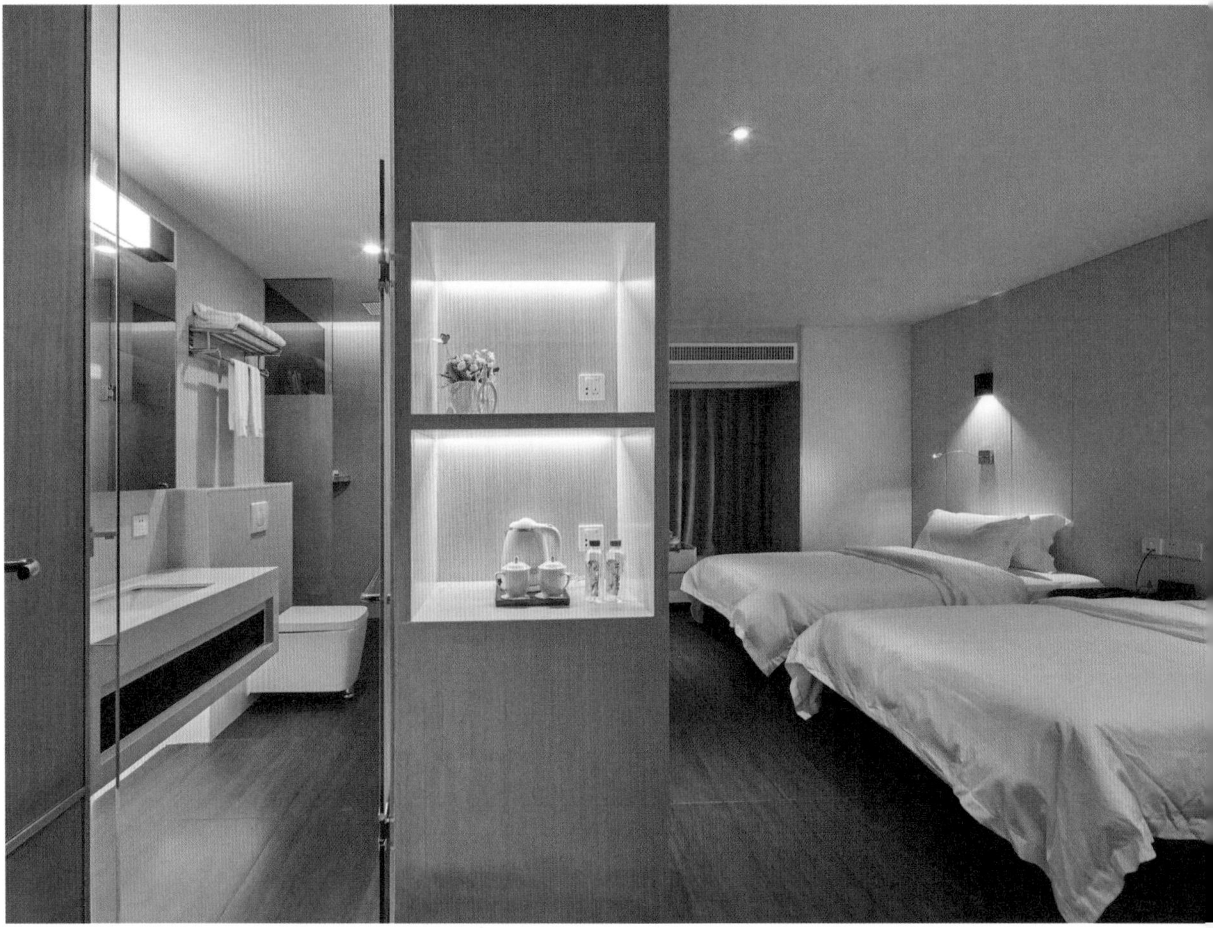

返璞归真

重庆夕栖精品设计酒店

工程档案

项目地点 中国，重庆

竣工时间 2015年

设计单位 重庆尚壹扬装饰设计有限公司

主设计师 谢柯

项目面积 1450平方米

主要材料 木地板、木饰面、大理石、面包砖、布艺硬包、墙纸、钢板喷塑、做旧镜面等

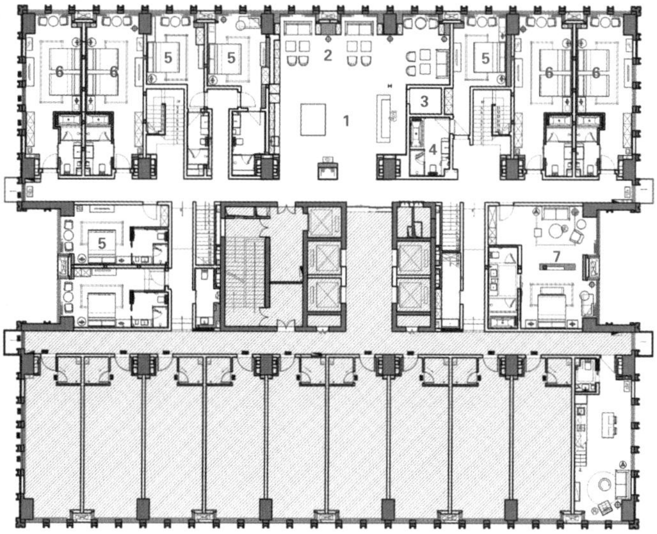

一层平面图

1. 接待厅
2. 休息区
3. 储藏间
4. 卫生间
5. 大床房
6. 标准房
7. 套房

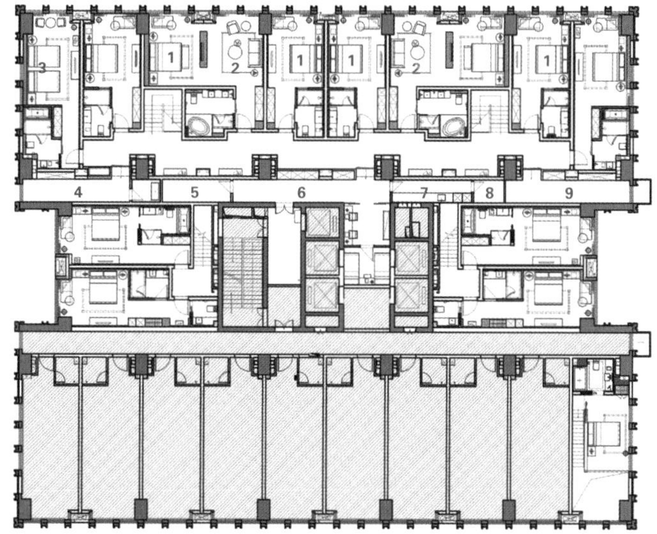

二层平面图

1. 大床房
2. 套房
3. 标准房
4. 回收间
5. 消毒间
6. 布草间
7. 操作间
8. 储藏间
9. 设备间

设计理念

重庆夕栖精品设计酒店地处闹市，设计师用一点石材、原木、白色的涂料营造出自然休闲、返璞归真的禅意风格。嘈杂的都市中，有间宁静的小屋，让人逃离水泥混凝土，可以卸下疲惫，放松心情。

设计说明

在本案中，设计师为营造舒服又有归属感的空间，在布局上加入更多的元素，企图在细节上做到精致精炼，让空间更有层次感。例如各类服务、餐饮、床品清洁外部解决，重点满足各类客房需求。在装饰手法上，为满足商旅人群需求，将更多空间让渡给生活，营造出精致、贴心又轻松的氛围。在硬装上做减法，尽量使用普通材料，没有过多强调装饰技巧，从而达到一种被顾客“忽略”的感受，相反，在软装上通过色彩对比和家具的选型，将顾客的目光吸引过来。通过“似松似紧”的节奏来达到一种放松的感觉，同时，在灯光氛围营造上，重点强调了点光源与空间的结合，强化空间节奏。

7212 - 7213

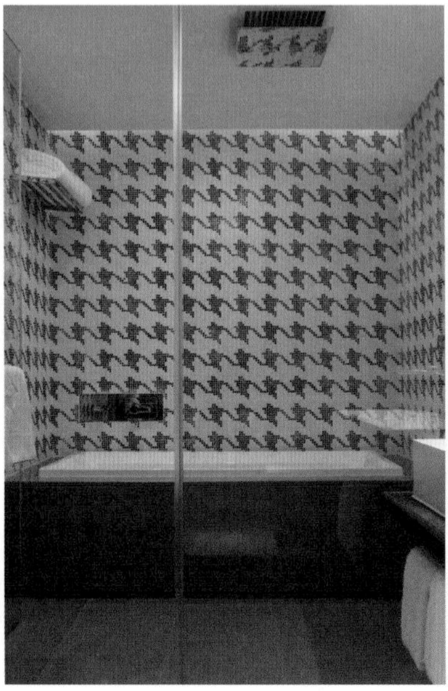

用当代的手法解读传统

椿吉大理古城精品酒店

工程档案

项目地点 中国，云南，大理

竣工时间 2015年

设计单位 共向设计

主设计师 姜晓林、王东磊、闵耀、曲云龙

项目面积 2050平方米

摄影师 井旭峰

主要材料 木饰面、古铜、麻石、灰色大理石、木地板、仿古砖

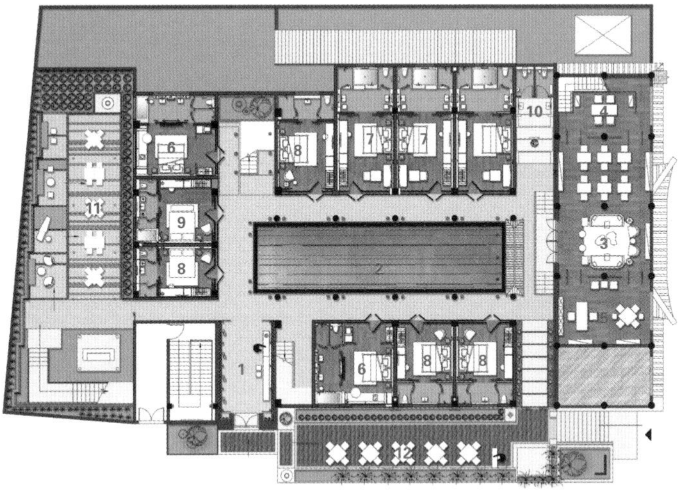

一层平面图

1. 前厅接待
2. 中庭
3. 公共休息区
4. 茶室
5. 书画室
6. 客房1
7. 客房2
8. 客房3
9. 客房4
10. 公卫
11. 户外庭院
12. 户外休息区

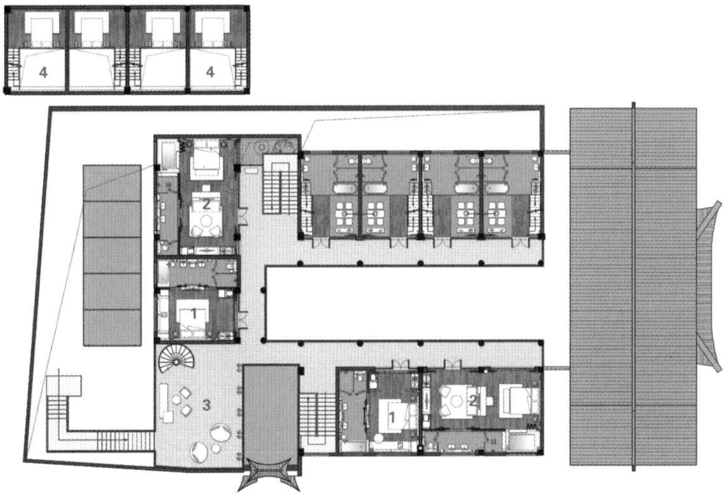

二层平面图

1. 客房
2. 套房
3. 户外休息平台
4. 阁楼客房

设

计理念

“椿吉”二字源于陶渊明的《归去来兮辞》：“农人告余以春及，将有事于西畴。”陶渊明自由自在、没有烦恼的田园生活，正是“椿吉”成立的初衷。打造一座客栈，与往来的客人谈天说地，把酒言欢。

设计说明

古老朴素的白族大院，却内有天地，三坊一照壁，照壁上的现代装饰，伴随着天气、光线的明暗变化会呈现出不同的感觉。现代元素的装饰造型在古老的白族院落内更显得相得益彰。

庭外的青竹、足下的青砖、院内的照壁、天井的泓池，水池在设计之初一直遵循着“静、净、镜”的理念。一“静”是为所有入住的客人营造一个安静的环境；二“净”是水池带给人干净、透彻的感觉；三“镜”则是将一切美好的事物都倒映在水池之中。

尊重人在空间中的行为和情感，这也是空间设计的核心，使空间好用、舒适。素洁的房间、古朴的茶室，椿吉无处不在展现着独立于喧嚣浮华之外的另一种美。

在空间美学上，对文化艺术的思考，保证空间的独特气质和唯一性。大理椿吉精品酒店，主要是用文化来解决空间情境，用当代的手法来解读传统，尊重当地的建造者，对建筑只做了梳理和修整，没有去做设计，客房用建筑化的手法、当代的手法表达跟传统的关系。

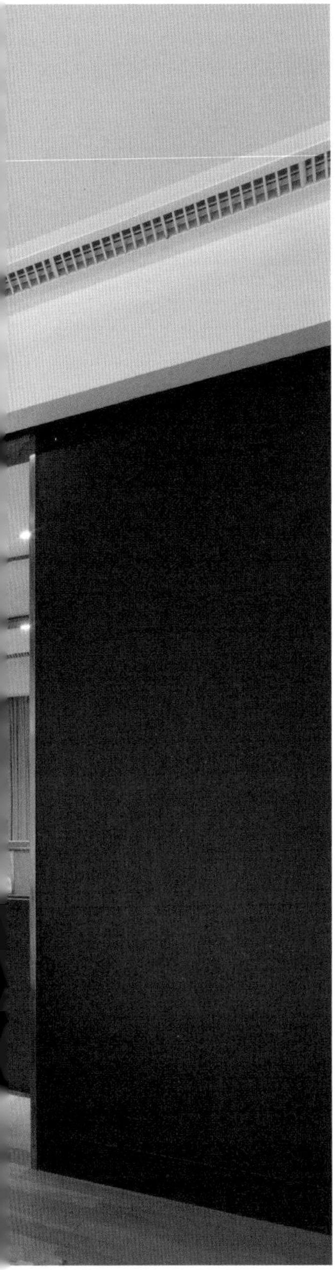

突破空间界限，重构空间格局

广西南宁永恒朗奕酒店

工程档案

项目地点 中国，广西，南宁

竣工时间 2016年

设计单位 李益中空间设计

项目面积 12000平方米

主要材料 水纹银大理石、波斯海浪灰大理石、欧亚木纹大理石、毛石、芝麻灰大理石、布鲁塞尔木纹大理石、夹丝玻璃、实木板、户外木地板、墙纸、墙布硬包、古铜拉丝不锈钢、木地板、浅色木饰面、防火板、地毯

一层平面图

1. 接待区
2. 大堂
3. 待候区
4. 行李间
5. 前厅办公室
6. 电梯厅
7. 卫生间
8. 房务中心
9. 制服室
10. 布草间

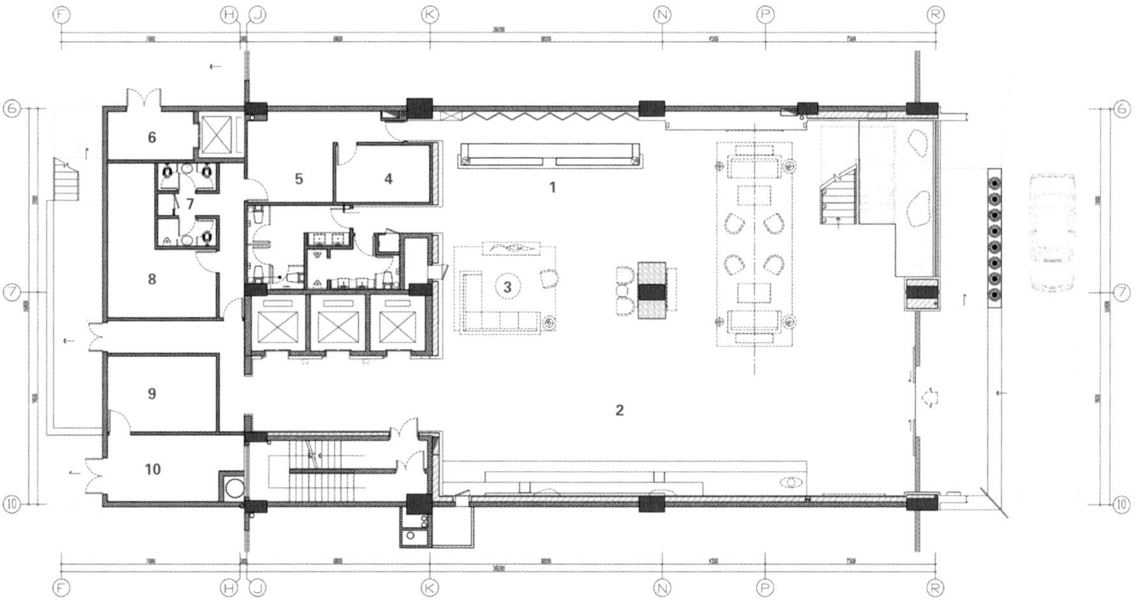

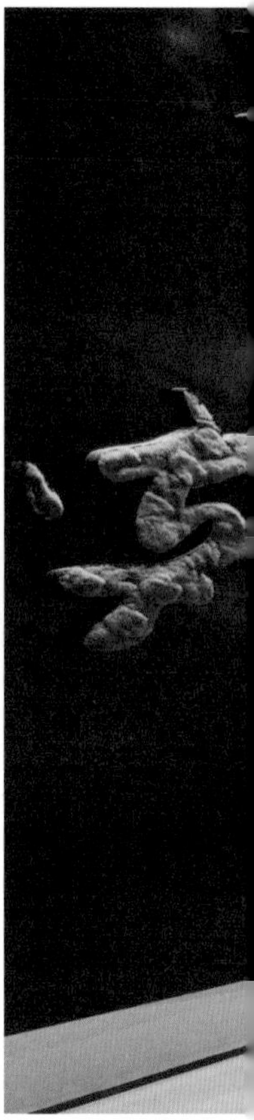

设计理念

人在旅途，酒店就是第二个家。设计师希望在这喧嚣城市中创造一片栖息之地，迷人而雅致的氛围，舒适而温馨的环境，让人们在旅途中在此停下来与他人共享这一夜的放松。于是，设计师突破设计思维，做空间的再营造。

设计说明

为创造空间的丰富层次，增加了第一、二层的空间面积，实现空间的流动及商业价值的最大化。

在酒店风格的塑造上，采用现代的设计手法，运用简洁的形式，应用自然且具有创造性的材质，在现代简约中体现一丝东方休闲韵味。

酒店大堂采用时尚前卫的 LOFT 设计，在繁华的都市中也能感受到身处郊野时那样不羁的自由。书吧的设计延续了简约的概念，在人心嘈杂的社会，舒适安静的书吧能让人尽享宁静与悠闲。酒店拥有各式精品客房和套房共 212 间，设计简约大方，色调柔和，大床房简洁奢华，私享东方休闲的味道。定制大床，超轻鹅绒被褥，让睡眠不再成为奢望。

回归自然，隐身于世

工程档案

项目地点　中国，山东，潍坊
竣工时间　2016 年
设计单位　北京海岸设计
主设计师　郭淮
项目面积　12000 平方米
主要材料　玻璃、混凝土、钢、木、砖、石

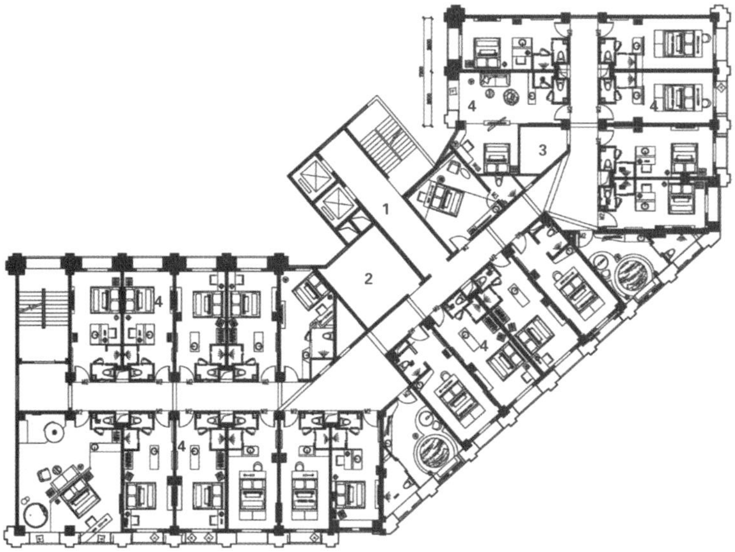

客房层平面图

1. 电梯间
2. 布草间
3. 管道井
4. 客房

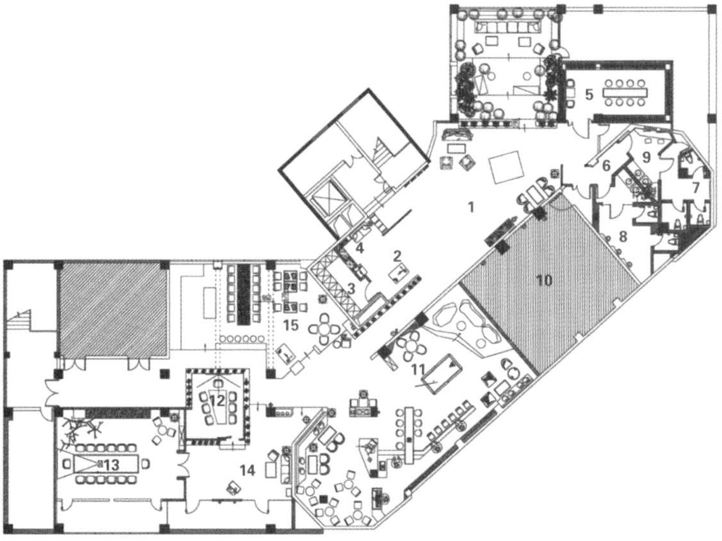

大堂层平面图

1. 大堂
2. 业务区
3. 行李房
4. 产品展示区
5. 艺术酒廊
6. 卫生间过道
7. 女卫生间
8. 男卫生间
9. 梳妆台
10. 设备间
11. 酒吧
12. 小会议室
13. 大会议室
14. 行政区
15. 餐厅

设计理念

在山东潍坊，藏着这样一个地方——归隐。在这里，每一位旅客都能找寻到自己所求。无论是厌倦了又冷又缺失人情味的酒店的生意人，还是寻找如家般舒适的背包客，抑或是出差在外的白领们，所有人都能在非常友好的氛围下找到自己满意的，无论是设计、服务、预算、舒适还是地理位置等。在这里，设计师用归本主义向人们阐述了“回归自然，隐身于世”的意义。

设计说明

世外桃源的天空之城

乘坐电梯，走进十楼大堂——SHANG。仰头而望，比例优雅的几何体玻璃天窗覆盖在大堂之上，使空间前后延伸、上下串通、左右交融，打破了室内外的空间界限。

世外桃源的天空之城

玻璃天窗下，一条长廊，一道光影，胜得过一切浮夸的装饰。设计师在设计空间时，于空间内部运用垂直空间和天然光线在建筑上的反射，达到了光影的效果，赋予了空间韵律美。

夜晚时，对光源装饰的巧妙设计，也呈现出光的戏剧性力量，使室内气氛给人以安逸感。同时，原木与绿色植物的搭配也将自然气息环绕在人们周围。整个大堂的设计正迎合了归隐酒店的概念，是一个世外桃源的天空之城！

忘记了回家的路

归隐酒店拥有 48 间设计各具特色的客房，室内装饰不拘一格，无可挑剔。室内运用了温厚的原木、绿植、复古家具，还有大量的艺术品，为客人创造出一个私密的空间。它不仅仅是提供一张睡眠的暖床，更是诠释出一种生活方式，连享受一杯茶的时光都会如此令人难忘，每个客房的设计真正做到了独一无二，绝不重复。

主题

触发城市美学的新想象

洛阳凯悦嘉轩酒店

工程档案

项目地点 中国，河南，洛阳
竣工时间 2016年
设计单位 深圳毕路德建筑顾问有限公司（BLVD）
设计团队 刘红蕾、黄健、邢益省、梁小梅
项目面积 20695平方米
主要材料 抛光石材、黑铜、玻璃

平面图

1. 电梯前厅
2. 休息区
3. 会议前厅
4. 临时就餐区
5. 会议室
6. 前区办公室
7. 行李储藏间
8. 卫生间
9. 酒吧
10. 前台
11. 上网休闲区
12. 全日厅厨房
13. 自助餐区

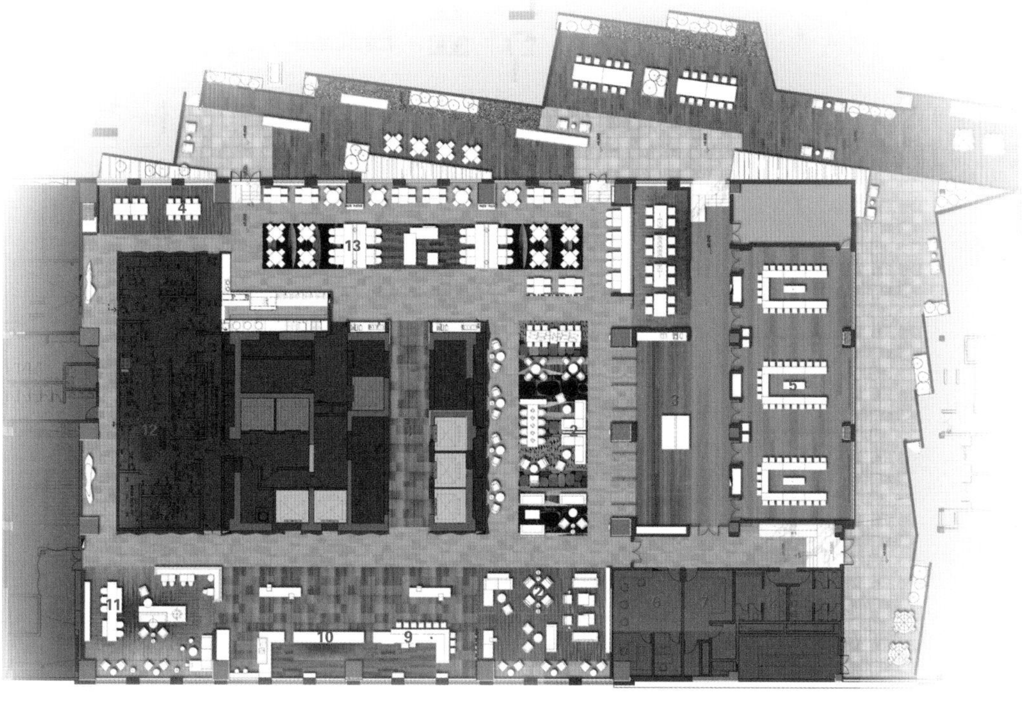

设计理念

设计秉持凯悦品牌的核心理念，强调简约、休闲的属性，重新审视并以现代抽象的方式表达洛阳这座千年古都别具底蕴的城市印象。厚重的深灰色和温暖的橙色基调，巧妙平衡了古老和时尚之间的关系。灰色是从洛阳经典的龙门石窟、层叠的塔檐屋瓦中汲取的意象，橙色则来自绚烂的唐三彩陶瓷艺术、十三朝帝都的君王气韵。酒店各功能空间配合光影在6层的空中大堂交汇呼应，提升了整体环境。

设计说明

大堂营造开放及真诚的氛围接待海内外宾客。设计师在公共区域沿墙设置了独特的多用途咖啡廊总台，鼓励客人之间的社交活动。这里可以提供入住接待等多项服务。运用了抛光石材、黑铜、肌理玻璃和暖色木质。沉静与活泼相映、力量与轻盈相依，微妙的纹理和雕刻形式在其中得以诠释，焕发出巧妙的层次感。可移动的屏风既保持了空间区域彼此的通透与连接，又激发了客人不断探究的好奇心。

如同一段丰富的旅程，酒店设置了层层引人入胜的场景，引发旅客不断探索。较小的首层门厅以谦卑的姿态仅作为一个铺垫。接待大堂透彻敞亮，桌椅、沙发和靠垫都运用多变的面料纹理实现了混搭。旅客在不经意间遇到的艺术品则呈现出独特的人文韵味：牡丹纹样的陶制瓦当清雅美丽、意象式的水墨画刚柔并济、客房的抽象肌理油画对洛阳山水做了时尚的演绎。在阳光氤氲的午后静坐一隅，墙面大幅醒目的红色意象山水画使旅客仿佛置身于洛阳著名景点“金谷春晴”，带来戏剧化的愉悦体验。在星光如许的夜晚来到健身区泳池入口，斑驳的石雕配合灯光在深浅渐变之间，又使旅客似乎漫步于龙门山色，享受静谧的温暖片刻。每个细微之处的发现都是一次情感的萌发，种种隐藏的意外惊喜，均透露出设计师一丝不苟的缜密巧思。

艺术是空间的灵魂

宁波富邦精品酒店

工程档案

项目地点 中国，浙江，宁波

竣工时间 2015年

设计单位 江苏省海岳酒店设计顾问有限公司

主设计师 姜湘岳

设计团队 徐云春、赵相谊、沙晓天、王鹏

项目面积 32000平方米

摄影师 潘宇峰

主要材料 白色微晶石、不锈钢、白色人造石、大花白石材、黑檀木饰面

一层平面图

1. 大堂
2. 商店
3. 销售部
4. 自助餐厅
5. 商务中心
6. 大堂吧

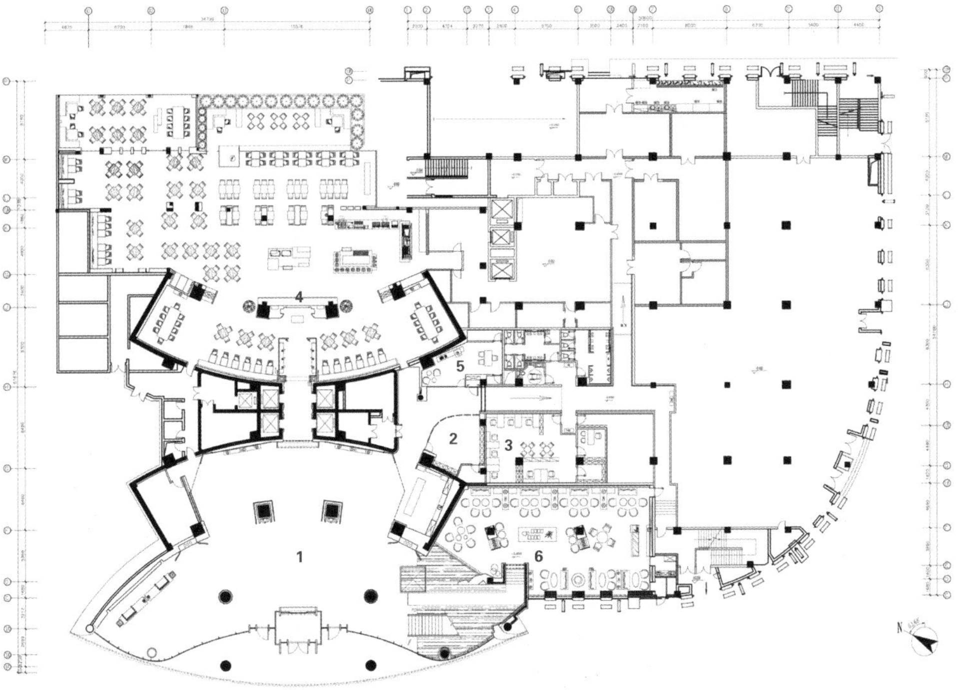

设计理念

走出宁波南站北广场，一眼便能看见宁波富邦精品酒店。玻璃窗内，一幅巨幅素描赫然呈现在眼前，这是苏联时期列宾学院的画作，亦是设计师大学时代深受影响的艺术作品。单纯安静的眼神不属于某个朝代或风格，只为传递弥足珍贵的美丽和宁静。住在这里，就是在自在地享受人文艺术。

设计说明

大堂，一个黑白中的行者，时尚的外表传递东方美学的艺术精神。设计师采用留白和减法的美学原则，更多的语言退让给了空间。建筑表皮力求精练，其间的艺术品才是空间里最美的舞者，透过艺术的展示诠释设计者的内心，述说一段纯净而富有文艺气息的设计篇章。

大堂吧着意打造一间集书房、珍品收藏室、画廊为一体的艺术空间，琳琅的艺术品及书籍装点着空间的高低远近，现代画、木雕、金属摆台、花卉……身处大堂吧，有一种被艺术洗礼的满足感。一段机缘巧合，设计师发现了废墟中的镇水兽，并将其请至大堂吧入口，宁静的眼神体现出远古和现代的时空对话、安详的体态体现出东方的精美。

会议区，设计师在一开始以构建空间的精美为设计主轴，架构于形为主，装饰为辅，后退内敛，只用少许点缀，突出书房与会议间的对话关系，使得会议区的气氛宁静而悠远。

自助餐厅的设计首先诠释了一个市场的概念，在市场上，消费者可以零距离感触各类清新的物料和新鲜的食材，这恰恰也是自助餐厅需要传递给客人的状态。另外，设计师在餐厅入口处标牌的做法也借鉴了市场上销售者展示产品的黑板，显得轻松亲切。其次，马卡龙色的点睛作用也是设计师在该空间颇为在意的一点，缤纷的马卡龙色将视觉转化为味觉，不断刺激着人的感官。

餐饮区，设计师更有兴趣地探索水墨精神，让黑与白的对话更为精彩，并在其中点缀一些翡翠色、南宋汝瓷的清荷色、蝴蝶兰的粉色、茶叶树的褐绿色。

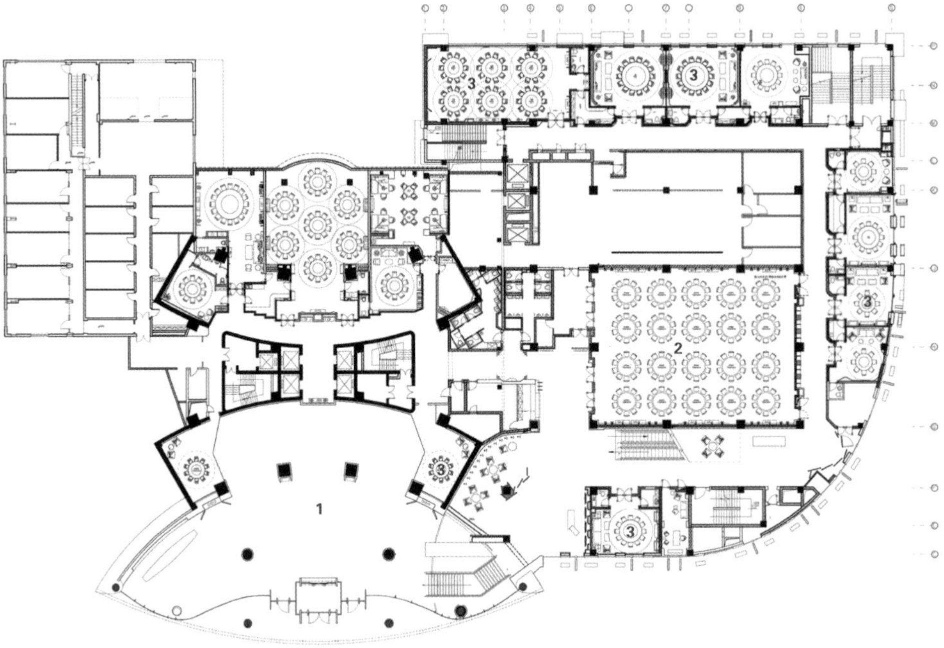

二层平面图

1. 大堂上空
2. 宴会厅
3. 包间

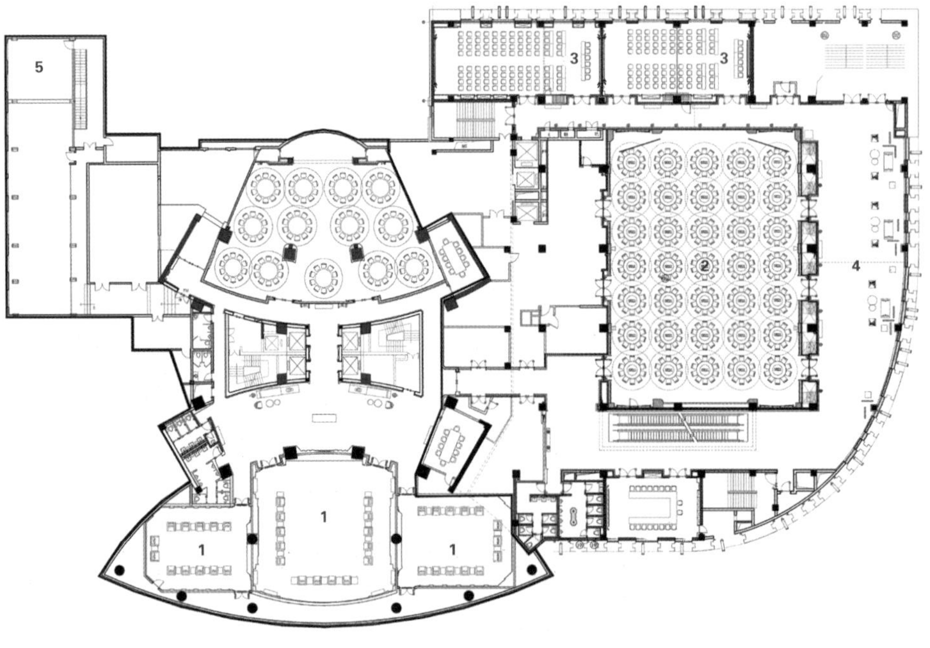

三层平面图

1. 贵宾室
2. 宴会厅
3. 会议室
4. 休息区
5. 桌球房

客房区沿用朴素的几何学方式将客房如画卷般展开，最终在局部处突出艺术表现。在客房的艺术氛围构成中，通过中国传统的瓷器点缀出家的感觉，特制的瓷盆、特制的瓷板画、特制的瓷器摆件，在现代主义的架构中体现出中国特色美学。

境中带『静』

工程档案

项目地点 中国，湖南，长沙

竣工时间 2016 年

设计单位 水木言设计机构

主设计师 梁宁健、金雪鹏

项目面积 10000 平方米

摄影师 水木言设计机构

主要材料 中国黑火烧面、竹木板、复合地板

一层平面图

1. 入口
2. 消防控制室
3. 卫生间
4. 休息区

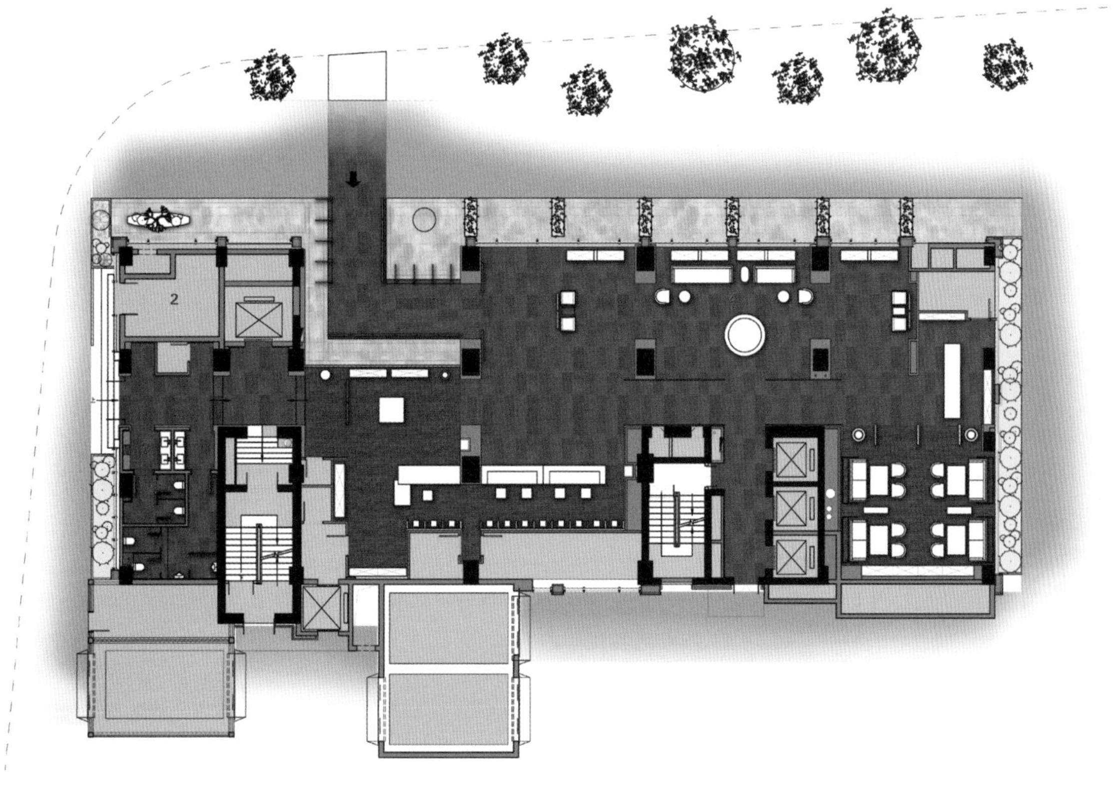

设计理念

静静地站在那里，不迎不拒、不骄不躁，把这样的一份体验和一个空间给需要这份情怀的一群人，这就是酒店设计的初心。所以酒店功能策划围绕“静”展开。对商业空间来说，功能带来的体验感远比纯视觉来得生动，于是酒店里有了独立书店、棉麻服装展示、茶叶和陶瓷茶具展示，还有家具的展示和使用，这些都可以让人放慢脚步品赏，也可以售卖，产品展示兼做软装陈设，以此贯穿整个酒店。

设计说明

酒店的流线因“静”蜿蜒流转，入口处，原建筑往里退让出入口空间，用重竹做成大片门扇和格栅，在形体上形成虚实对比，隔中有透、疏密有致，再做转角处理，隔离主道路，虽然转角尺度不长，但通过虚实相间的格栅分段，在竹子的掩映中将实际很近的城市主干道似乎拉远，迷离恍惚。

大堂至书店为三进空间，书店在最里处，每往前一进，似乎远离喧闹数里，近书吧，窗外竹影摇曳，有点灯读书的冲动。二楼是独立影吧，影吧内呈客厅式布局，在业态的组合上这是唯一具备动感的。三楼是茶吧兼餐厅，为最大限度保持茶吧的独立性，正餐都采取套餐制，一是避免浪费，二是正餐区过大会影响大厅氛围，而座区布局都有独立的领域感，或格栅隔断，或金属帘半透，人影婆娑，让人来往于虚实之间。一楼书店外和其他公共部分乃至客房都设有图书陈设，可阅读可零售。

酒店的材质原料非常普通，主材三种，中国黑火烧面、竹木板、复合地板，原料普通，加工精细，中国黑火烧面用做石头茶盘的工艺加工，带有手工般的质感，石头的肌理似乎能把人拉回手工艺的时代，每一个凹凸都依稀流淌着铁凿子的声声慢，竹木板也是很环保的一种材料，藏光的竹木格栅与透过竹林的光影相应，有依稀漫步于无声竹林的感觉，步移景异，空间传来的也只是自己随性而至的脚步声。材质能穿透空间与人对话是因为“静”作为媒介，也是本身所带“静”的因子，相互之间琴瑟和鸣。

文徵明

在用色上，希望能有禅茶一味的意境，熟铁灰的石材质感有着茶壶茶盘的本色，做了表面处理后，包浆温润厚重，而竹木板经擦色的黄红色有如茶汤色，铁灰和茶红在空间里相互映衬，再以家具的布艺灰作为过渡色调，完成用色的节奏感，以色入境，境中带“静”。

酒店家具设计是顺应空间而生，形体简约，强调家具“提”的概念，从陈列柜到总台，都有“提”的感受，感受家具是可活动而非固定不变，因此也给空间多种移动变化的想象。

亚朵酒店

工程档案

项目地点 中国，上海

竣工时间 2016 年

设计单位 香港高迪愙设计事务所（北京）

主设计师 张贤发

项目面积 18000 平方米

主要材料 木质、大理石

一层平面图

1. 大堂
2. 男卫生间
3. 女卫生间
4. 服务台

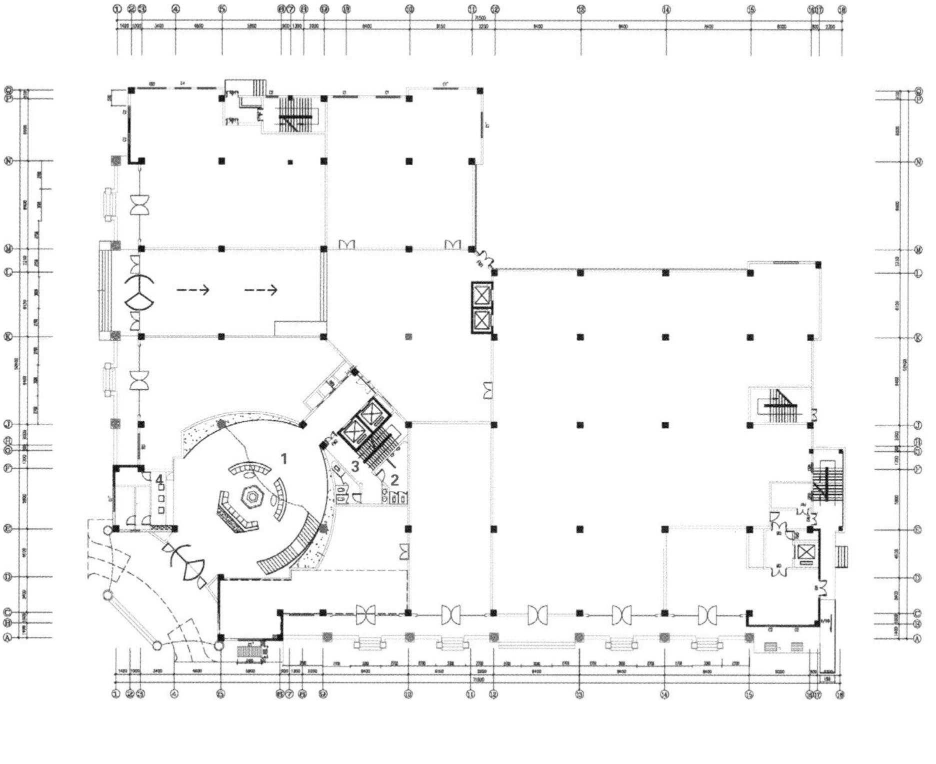

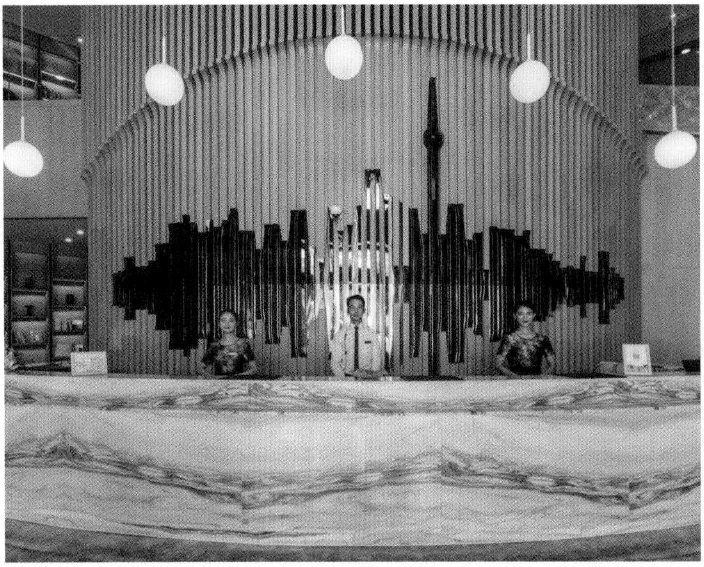

设计理念

亚朵酒店是以“阅读”和“人文摄影”为主题的人文精品酒店。独具“舒适、简约、朴实、静谧”的气质，为中高端商旅人士打造理想的住宿体验。

酒店得名于云南边陲怒江边如同世外桃源般的亚朵村，亚朵村保持了自然风貌和淳朴民风，创始人以此为灵感，把清新、朴实、静谧、舒适之风带到了亚朵酒店中。

Reading Club

设计说明

“亚朵”这一名字取自云南省的小村落，而木质色彩以及绿色的引入，便是设计师对于村落感受的升华提炼。除了这一村落传递出来的自然气质，设计师对于空间秩序、冷暖关系以及情绪表达等专业角度的思考也必不可少。

作为一个连续创业者，亚朵的创始人了解商旅人群在外住宿之痛。亚朵用泥土和新芽的颜色塑造了让人放松的视觉氛围。酒店里配置了竹居阅读空间，客房里隐青瓷茶具，川宁茶包，一书一茶让人平静下来。

餐厅的设计简洁大气，网格化的天花板和简约造型的吊灯让空间中多了现代的时尚感，与墙上的老建筑照片形成对比。

酒店随处可见的城市人文照片：梧桐、洋房、咖啡馆，魔都的日与夜，一帧帧诉说着上海的花样年华。足不出户，便可领略上海最美的风景。

< 8419~8451
> 8452~8470

一个设计师的第二居所

浥尘客舍

工程档案

项目地点 中国·云南·大理
竣工时间 2017年
设计单位 李益中空间设计
主设计师 李益中、熊灿
项目面积 560平方米
摄影师 朱海
主要材料 钢结构、玻璃、原木、石材

负一层平面图

1. 晾晒区
2. 卫生间
3. 客房
4. 厨房
5. 餐厅
6. 洗衣间
7. 书房
8. 布草间
9. 员工间

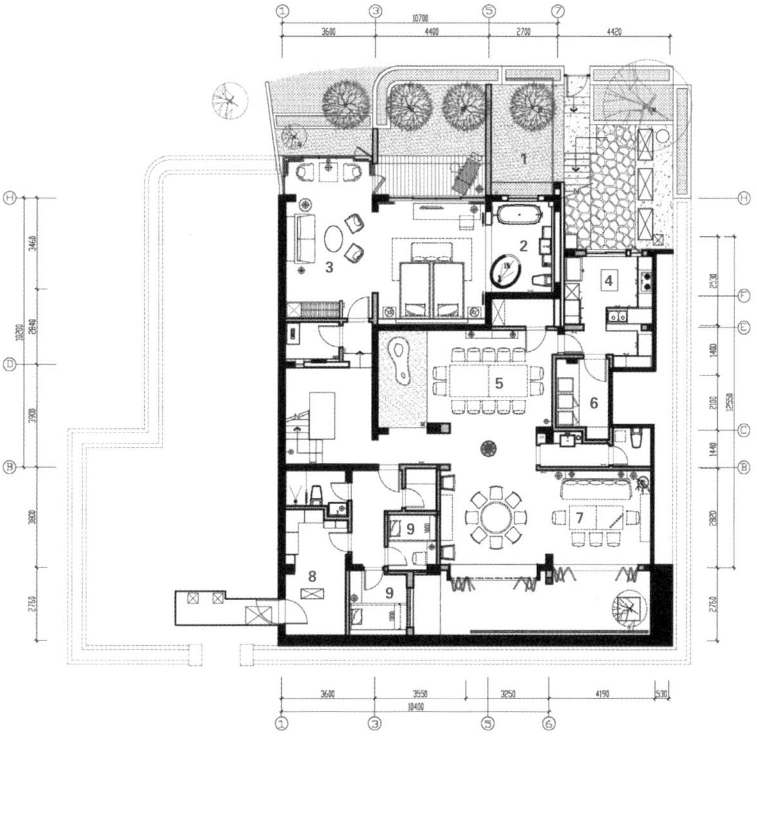

设计理念

大理浥尘客舍是一家高端私密的小型精品酒店，一期仅八间精致客房，安静、舒适，有家的温馨又不失高贵的设计感，靠近古城和苍山，远眺洱海。

客栈的名字叫“浥尘客舍”，灵感来自于唐代诗人王维写的那首诗“渭城朝雨浥轻尘，客舍青青柳色新”。在全国各地都被雾霾笼罩的当下，大理依然蓝天白云、山青水秀，用“浥尘”作为客舍的名字有特别的意义，润湿身上的灰尘，在客舍享受一段岁月静好的时光。

设计说明

设计的推敲

改造前的房子有公共绿地环绕，掩映在一片竹林背后，里边还有一个内向的小庭院。设计一开始就是围绕这个中间的小庭院展开的。设计师把这个内庭用玻璃钢构封闭成室内空间，成为一个充满阳光的中庭，以此为核心，整理其他室内空间。接下来是掘地三尺，拓展了部分地下室的空间，包括一个下沉庭院。前院设置了一个水庭，并在旁边加建了一个亭子，成为一个观赏池鱼和休憩的空间。屋顶为了有更好的景观，加盖了一层露台。如此，苍山洱海的风景尽收眼底。

所有这些改造工作都以不破坏原建筑风貌为原则，看似大刀阔斧，但其实都是依循建筑的设计逻辑反复推敲缜密进行的。通过对内部空间及建筑形态的梳理，打通了建筑从室外环境到室内空间的任督二脉，浑然一体。

一个光线流淌的空间

岁月静好，是关于时间的故事。而光是时间的使者。在“浥尘客舍”的设计中，空间的设置除了考虑使用，更加入了光的考量，昼夜晨昏，阴晴雨雪，每一刻都有不同的光的变化。空间的转折迂回，起承转合，每一处都会有不期而遇的光影。光影的流转，时间的流逝，就在这多变的空间中默默地发生，传达恬淡宁静的意境。

侘寂之美

每一间客房的空间形态都不一样，朝向也不一样，在客房的设计中根据布局、光线等要素来选择形式、色彩和质地，在保证相对统一的前提之下，让每一间客房都各有特色。

在设计过程中，设计师待在工地上，感知空间形态以及每一道光线，然后利用直觉做设计。在负一层的01号房，朝北偏西，采光比较柔和，下午的时候有斜阳照进来，设计师在空间中感觉到一种隐约的“侘寂”之美，于是就在“侘寂”这个方向去发展，做得比较自然、平和、质朴。而在二、三层的大房，因为朝南，阳光充足，就大胆地用了黑红配，创造了饱满而热烈的空间感受。

一层平面图

1. 露台
2. 水景
3. 接待区
4. 客房
5. 休闲区

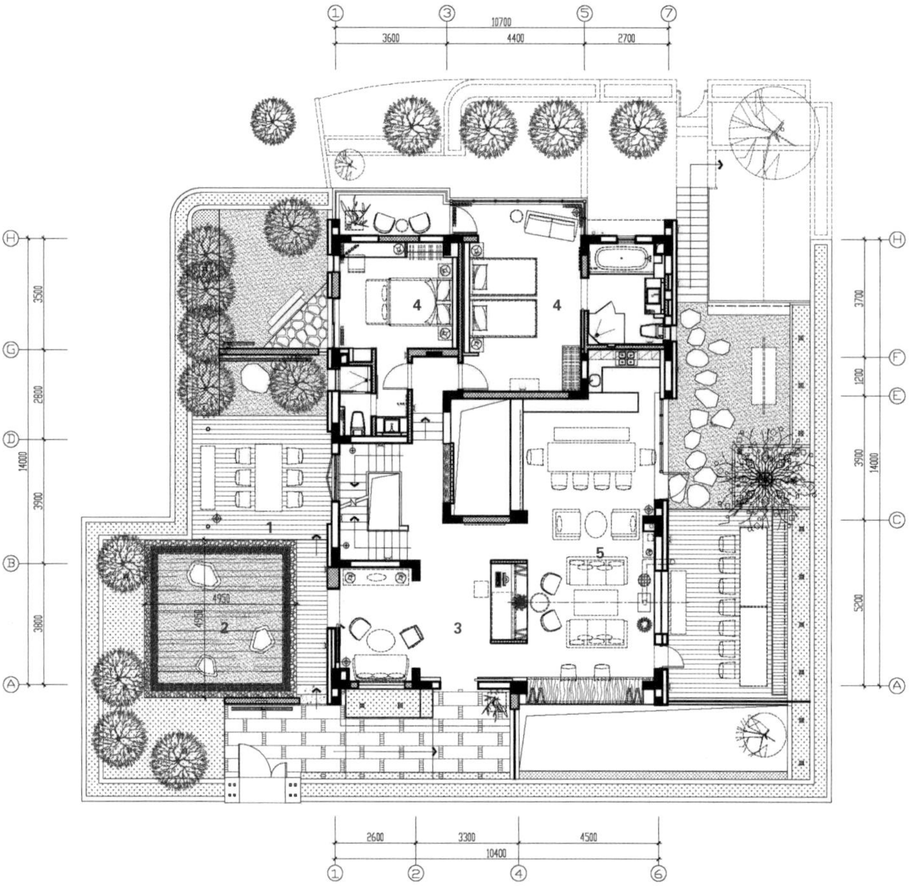

二层平面图

1. 客房
2. 走廊
3. 卫生间

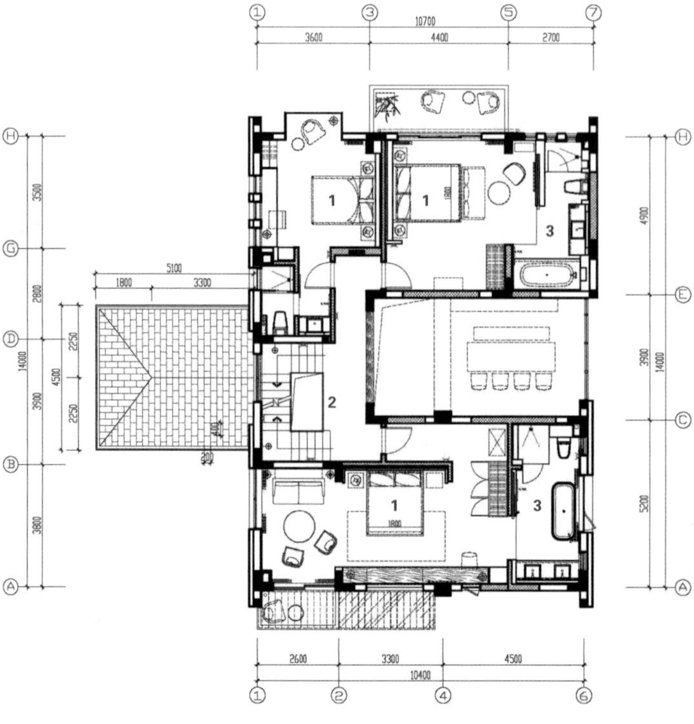

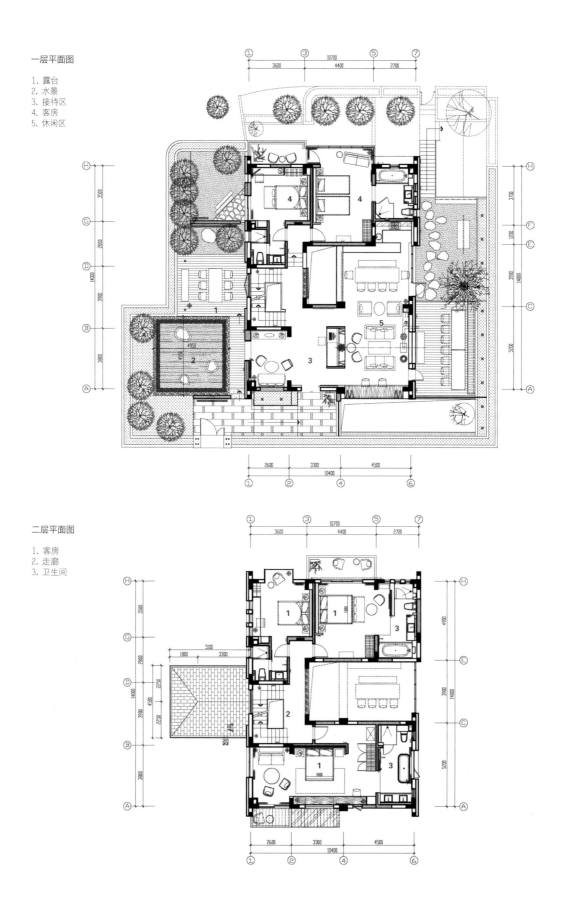

一个设计师的第二居所

浥尘客舍是一家客栈，更是设计师的第二居所，另外一个家。从空间到设备，再到陈设，完全按设计师的标准来营造和设置。在后期的陈设布置及日用器皿的选择上，女主人花了大量的时间和精力，亲力亲为，创造“家”的温馨磁场。在浥尘客舍，马桶是智能马桶，恒温的马桶圈盖不会让客人在冬天如厕时踌躇不定，床垫是五星酒店的标准配置，够厚够舒适，床品是女主人精心挑选的法国进口棉麻面料，质地柔软体贴。

家的感觉来自于壁炉的温暖，客人可以亲自下厨。平时使用的碗、碟、瓶、罐、茶具、咖啡杯这些日常器皿代表了主人的品位和追求，在这里，这些器血的器形、质地、色彩等都经过严格的筛选和考量，以达到整体风格的协调统一。

在艺术品陈设上，大都是主人的珍爱收藏，有美国著名摄影师阿诺·拉斐尔·闵奇恩的摄影作品，有广州新生代艺术家林于思的东方意境的绘画作品，也有从日本京都千辛万苦带回来的日本女画家的油画作品……这些艺术家的作品丰富了空间的质地，也丰富了空间的内涵。

丽江悦途精品酒店

工程档案

项目地点 中国，云南，丽江
竣工时间 2016 年
设计单位 几木设计
主设计师 曾承林、杨绍德
项目面积 520 平方米
摄影师 旺仔

一层平面图

1. 大堂
2. 前台
3. 茶区
4. 厨房
5. 套房
6. 院子
7. 员工房

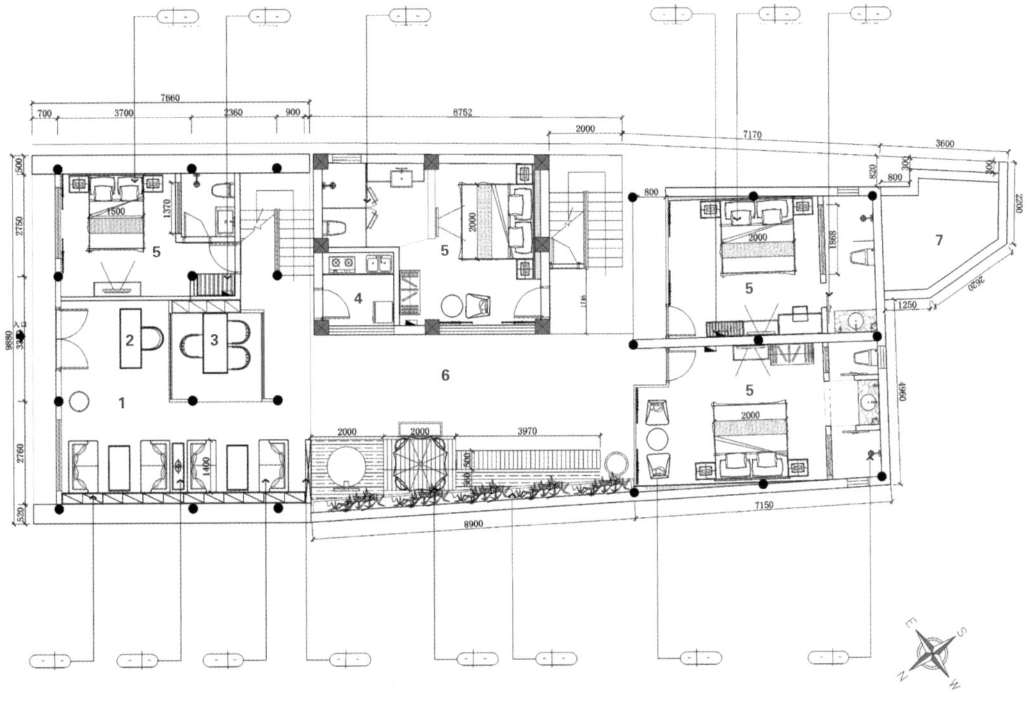

设计理念

丽江透出的纯然风情及深厚的少数民族底蕴，是一种深刻的文化姿态。两位设计师在本案中营造的是一种使空间尽情挥洒、源远流长的神韵，让空间充满生命力的同时也富有文化气息。设计师精工细作地营造出来的气氛其实是为了表达一种境界——超然于都市的繁华与喧嚣、宁静幽远的世外桃源。

设计说明

客厅那一片布卷形象墙，在沉稳中以极强的存在感让人无法忽略。布满一面墙的水墨画及吊顶，既表现浓浓的中式风情，又注重了空间连接的功能性，让自然穿透的视野加强空间的宽阔与流畅，将空间融为一体。室内外交相呼应，相得益彰。

移步换景，院落的集中描绘，提高庭院的利用率，达到了院落空间对生活品质的提升，院落式空间设计不仅提高了单栋建筑占地的效率，而且给使用者更多体现自身审美价值及表现自我的空间和机会。

每间客房都倾注了两位设计师独特的设计手法和理念，在不同的户型格局中求同存异，让每个客房都富有各自的韵味和故事，并把故事深情地向每一位住客娓娓道来。

细部处理注重传统建筑符号的运用，门头、花窗、灯饰、木作、屋檐、制式围墙，无一不在显现着传统中式的原汁原味。

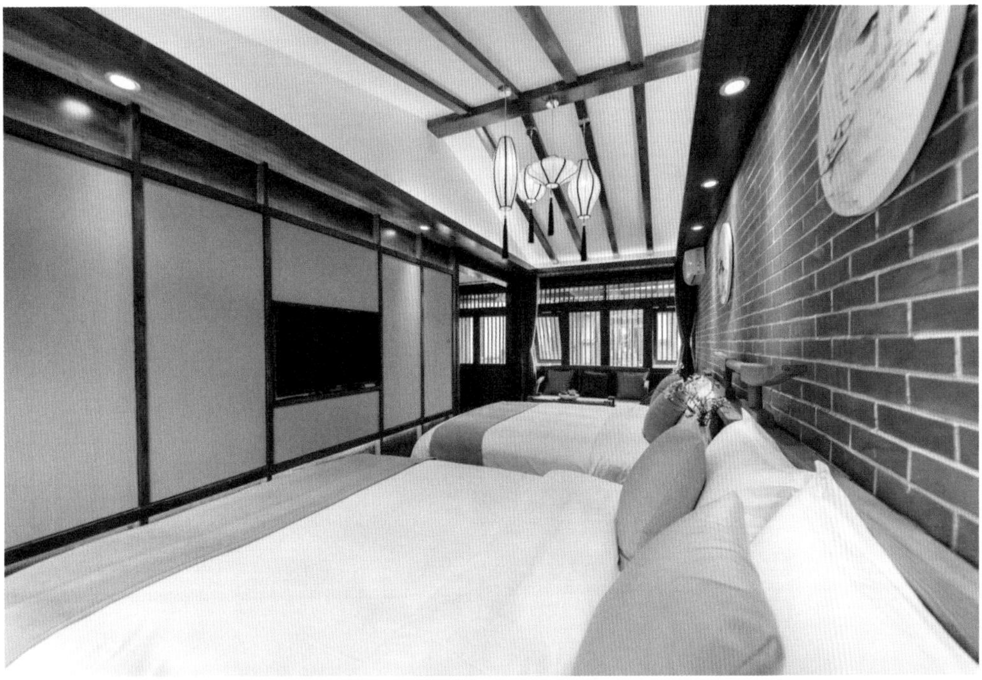

画框与画作，舞台与主角

千岛湖云水格精品酒店

工程档案

项目地点 中国，浙江，杭州
竣工时间 2015年
设计单位 唯想建筑设计（上海）有限公司
主设计师 李想
设计团队 范晨、刘欢、童妮娜、郑敏平
项目面积 3300平方米
主要材料 木、竹

客房A户型平面图

1. 接待区
2. 卧室
3. 浴室
4. 阳台

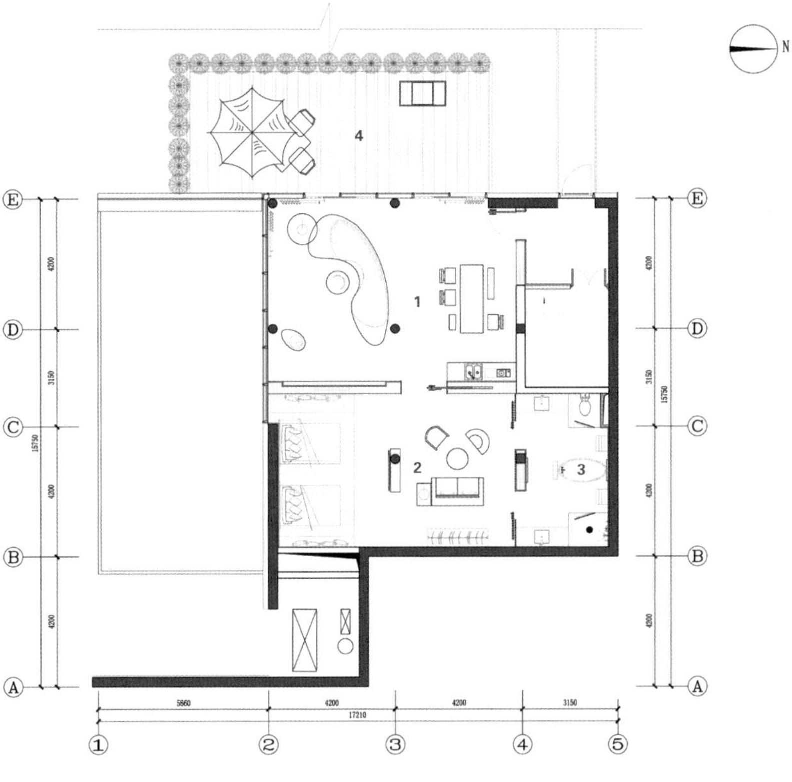

设计理念

静即是动，动即是静，表现动态的线条与静止的事物互相蔓延，古朴的质感与精致的雕琢相互碾碎，原生的纹理与人工粉饰的光洁感共存，就此导画出一部设计师幻想中的山水戏。

设计说明

酒店的载体——12 栋建筑的设计风格秉持着德式路线——干净、简洁、干练，每栋建筑面积分为两层，半遮半掩稳稳坐在半山腰，遥望一方水天，既和谐又独立。

建筑风格是现代简单干练的，硬装也一切从简，所以画布与舞台就从这纯白的干净的基底开始，地上的白色地板与墙面的简单白色粉饰直白地衬托出要在这里上演的一场室内外的对话，一幅臆想出的山水图，一出没有言语的戏剧。

设计的重点逻辑在于表达了每一组家具的形式，每一个细节的表达，家具即是这出戏的主角。在大堂里，用实木雕琢出

了两叶舟，其一用支架的方式悬空在这个空间里，让它飘浮在空气里，像水已经充盈了这里。船桨亦化成了屏风与摆件，配以如荷花一般挺立的“飘浮椅”，再用当地盛产的细竹编制成的网格作为吊顶，透过灯光把竹影洒向了白色的墙面，如此来表达一种扁舟浮水面的意境。在餐厅里，枯树镶嵌在了桌子上面，结合光影的互动，山林便如此。

本设计内的大型沙发（涟漪沙发）、创意凳子（漂浮凳）、扁舟榻（大堂座椅）、千岛湖山水茶几（影射千岛湖的自然风光，玻璃上的山形木头代表冒出水面的山）、船桨屏风和船桨把手（用泡沫雕塑打样确认造型后由专业的数控机床雕制）、大堂餐厅竹编吊架（设计师亲自选竹并与工人一起编制造型，调节编制孔眼大小）、衣柜、所有灯具，均为原创设计款式。

每一间客房里，都用一颗石子触碰水面那一刹那的波动作为沙发的形状，涟漪一般地撒出几轮优雅的弧线，便成就了空间里水的动态与静态。设计师们寻找出一棵树、一支藤、一粒石子、一个鱼篓，经过精细地加工，小心翼翼地放置它们的位置，就像本该出现的出现，填补出整个构图中的主次角色。

整个设计的材料均以木与竹为主，以此来表达一种亲近生态的质感。配以纯白色的主色调，不仅凸显了木质带来的宁静，也有一种简练的当代时尚气息。

工程档案

项目地点 中国，山东，青岛
竣工时间 2016 年
设计单位 北京海岸设计
主设计师 郭淮
项目面积 2000 平方米
主要材料 玻璃、混凝土、钢、木、砖、石

一层平面图

1. 前厅
2. 休闲区
3. 阅读区
4. 多功能餐厅
5. 厨房
6. 杂物间

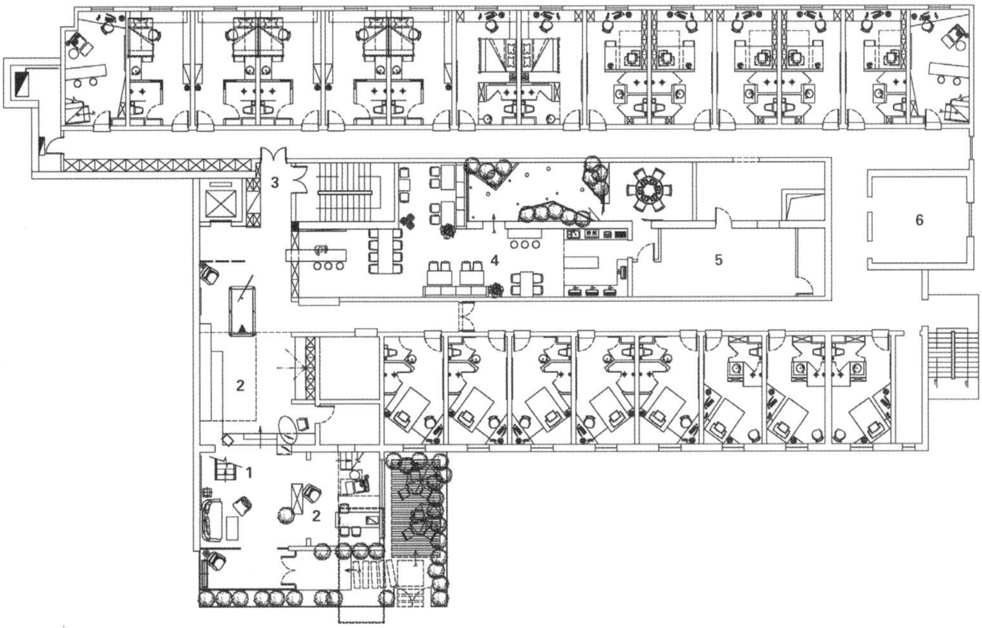

设计理念

经由设计师的手，IN 酒店的入口处处可以嗅到自然特色。绿色元素的应用，代表着自然、成长，更代表着那份年轻的心。绿植、木头、水泥、玻璃等混合于同一个空间，看似随意，却又是经过深思熟虑后的设计，以一种独特的方式充分展现归本主义凸显自然、简单古朴的设计特点，寻求现代建筑与自然的全新而微妙的平衡。

设计说明

木质楼梯旋转着进入了一个明亮通透的世界，楼顶的玻璃设计，拉近了与天空和自然的距离。极致的美景也总能为享受咖啡时光的人们带来视觉上的惊喜。

酒店大堂是最重要的公共区域，裸露的红砖墙带着怀旧色彩，简洁的家具随意摆放，混凝土的墙壁给人以时代感，实现了复古与现代的完美碰撞。台球桌的摆放给整个空间增添了许多轻松休闲的氛围，与身后绿植相映衬，以此营造出符合年轻人风格的大堂空间。怀着憧憬，踏上楼梯，又是一片新的天地。

木质方桌与圆桌、高脚椅与铁制椅子这些元素共同构架这样一个舒适的餐厅。无论阳光、空气，还是空间，与大自然的相通才能让人无限接近自我。白色圆柱支撑着一片片独特的“叶子”，这里有亮眼的设计和美景，同样有着精美的菜品，给旅途中的人们提供一个绝佳的养精蓄锐空间。

GEN
ROCKY
Arletta
CENTURY

要么读书、要么旅行，灵魂和身体，必须有一个在路上。步入走廊就看到了摆放的书架，读书和旅行，都让人们认识不同的世界，感受不同的人生。混凝土墙壁仿佛在诉说着走廊的秘密，每一组数字后面都是一个安静的空间，是一个走进去便不想再出来的神秘世界。

IN 酒店的每一个客房面积都不大，空间的布置也很随性。不规则的家具、充满童年回忆的摆件、独特设计的床，这些无不为每一个房间增添了乐趣。预留的空间供每一个旅行者自由布置，真正做到了我的空间我做主。享受每一刻，你才是空间的主角。

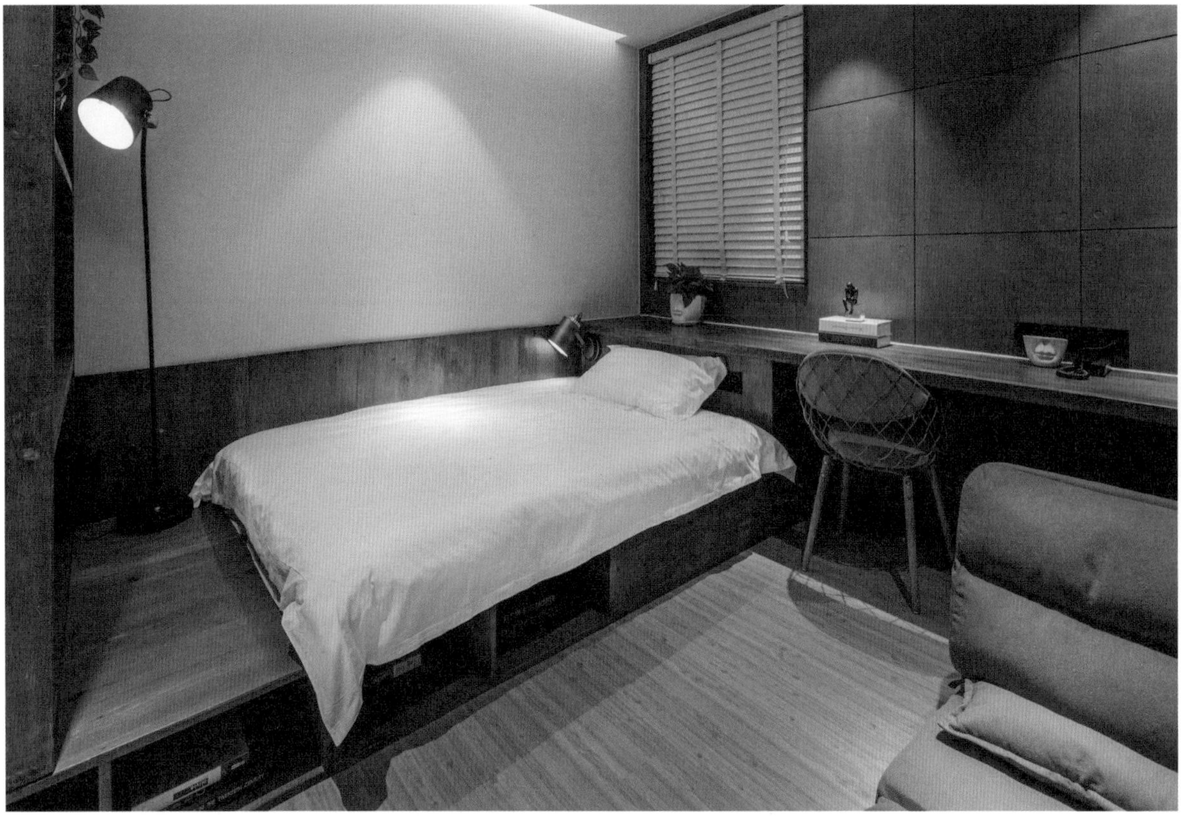

主题渲染空间

马戏精神与现代装饰

广东珠海长隆马戏酒店

工程档案

项目地点 中国，广东，珠海

竣工时间 2015年

设计单位 广州集美组室内设计工程有限公司

主设计师 徐婕媛、陈向京、曾芷君

设计团队 张宇秀、陈志和、李江南、陈尚军、翟誉淦、翟秀香、林丹、张泽真、张斐婷

项目面积 46600平方米

摄影师 罗文翰

主要材料 GRG、ICI喷涂、威尼斯米黄、雪印象石材、仿木地板地砖、橡木饰面、布艺等

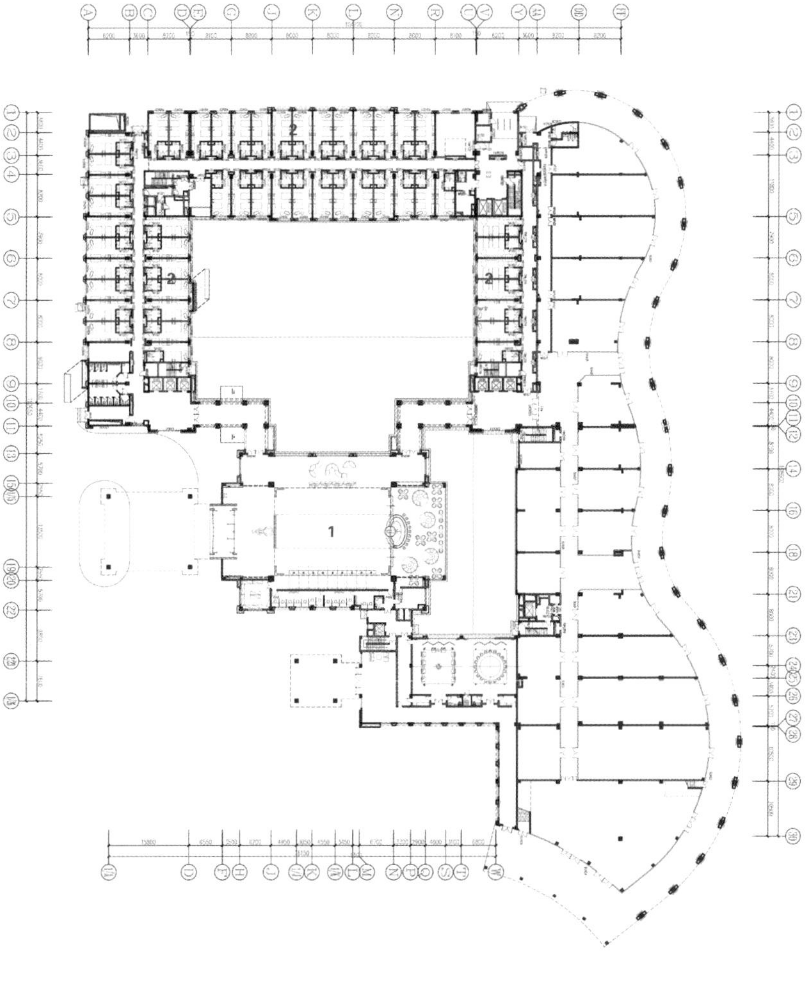

一层平面图

1. 大堂
2. 客房区

设计理念

马戏诞生于古罗马角斗士斗兽场，英国的一位退伍军官阿斯特利发现了离心力中的平衡点，将马戏带进了圆形剧场，于是就有了我们今天所看到的马术表演。马戏自古以来深受沙皇宫廷的喜爱，百年来马戏家族代代相传，经久不衰。当代马戏由传统的马戏结合歌剧、时装、舞蹈等多元化元素，由传统的单个节目发展到有节奏、有故事、有剧情，古典与时尚碰撞的当代马戏。

在本案的设计中，设计师述说的是一个有关于马戏的故事，希望将传统马戏与现代装饰相结合，古典与时尚混搭。将“跌宕起伏、梦幻斑斓、天马行空、滑稽幽默”的马戏精神穿插在室内空间之中，让客人亲身参与且融入其中，创造出游离于梦幻与现实之间的全新感受，让主题酒店有了更高层次的升华。

设计说明

酒店公共空间主要为大堂、大堂吧、贵宾接待室及全日餐厅。大堂与大堂吧以“神奇彩眼”为主题，彩色的世界、彩色的梦幻、彩色的想象，在眼前拉开帷幕，让每一位客人的眼中都闪烁着彩色的光芒；贵宾接待室以“马戏史诗”为主题，将经典的马戏主题运用在屏风上，让客人仿佛走进了一个恢宏庄重的马戏历史长廊；全日餐厅以“梦幻乐园”为主题，以构成马戏的四大部分作为区域的概念设计，“月亮、呼啦圈、兽笼、几何拼花”配合缤纷色彩营造梦幻乐园的主题。

酒店客房区域有705间客房，主要以马戏表演四大类别：高空、杂技、驯兽、小丑，作主题区域划分。高空客房区以“浪漫星空”为主题，一弯明月高挂在漫天星空之上，抬头仰望，深邃无限；杂技客房区以“奇妙宝盒”为主题，装饰以夸张、绚丽的色彩及道具为主，使客房主题更加鲜明突出，趣味不断；驯兽客房区以“森林乐章”为主题，以老虎跳呼啦圈为设计理念，跃动的老虎纹，彩色的呼啦圈，鸟兽造型的床头灯及丛林感觉的家具，让客人置身欢快的气氛中。

传承文脉，诠释品位

景德镇1004瓷文化酒店

工程档案

项目地点　中国，江西，景德镇

竣工时间　2015年

设计单位　杭州东未建筑装饰设计有限公司、中国美术学院潘天寿设计院七所

主设计师　朱东波

项目面积　10000平方米

主要材料　木地板、灰色瓷砖、硅藻泥、老木头、席面、青砖、窑砖、陶瓷

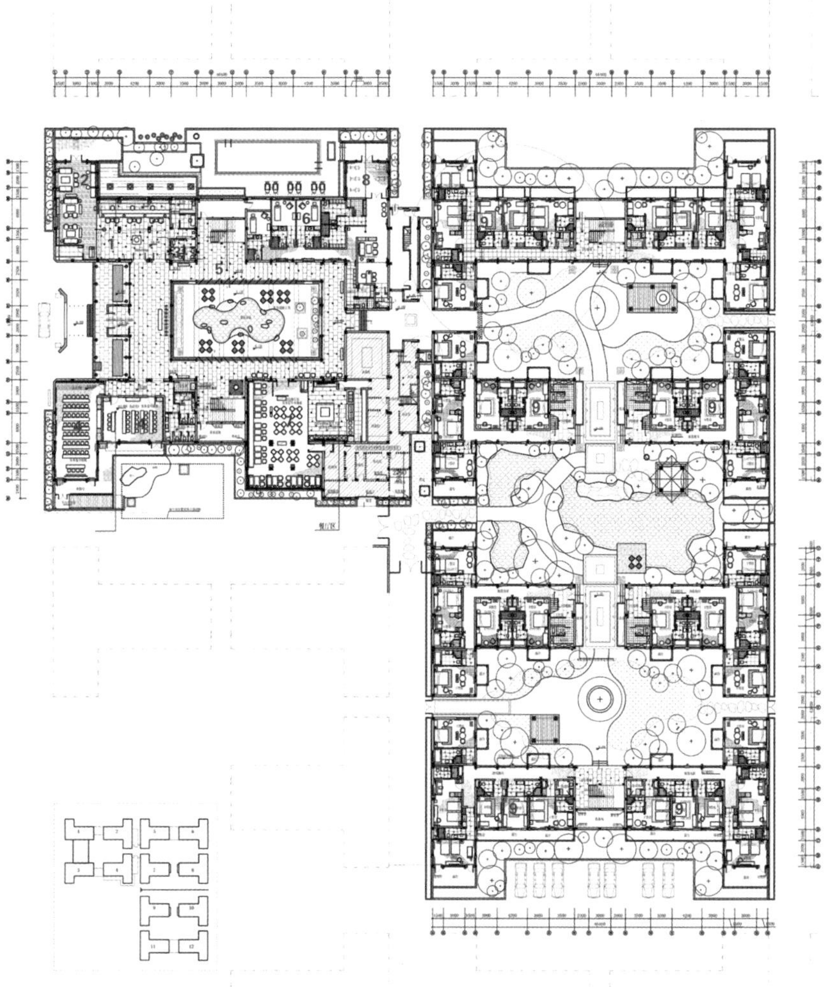

一层平面图

1. 大堂
2. 书吧
3. 卫生间
4. 会议室
5. 中庭区
6. SPA 区
7. 自助餐厅区
8. 健身房
9. 客房区

设计理念

1004瓷文化酒店是全国首家以陶瓷文化为主题的高端特色酒店，坐落于景德镇市国家级高新开发区内，是一个传承历史文脉，以园林景观为特色的文化主题精品酒店。别具一格的1004瓷文化酒店诠释出了陶瓷文化的品位与尊贵。

设计说明

来到 1004 瓷文化酒店，酒店入口典雅大方的徽派传统梁柱结构让人眼前一亮。从进入大堂的一刻起，酒店的景德镇瓷文化主题便随处可以捕捉发现。酒店的地上随处点缀着青花瓷片，星星点点，很有韵味。酒店导览图也是陶瓷质地的，细节上做足了功夫。酒店内有四座苏式园林，古典淡雅，其中一处有各种大花瓶堆叠的喷泉水景成了酒店亮点。

酒店共有主题客房 93 间，客房是新中式风格，每间房间都有一幅老瓷片的挂画，瓷文化细节处处可见，设计很精彩。数百件老瓷器分布在酒店的房间及公共区域。客房内的设计也十分考究，以原木、细砖条、金属为主，材质与色彩搭配得当，细部也显得韵味十足。酒店使用的备品也是专门定制，备品包装也设计成了清新淡雅的青花风格。酒店有一间花园餐厅和一间赣徽餐厅，花园餐厅入门处的屏风让人印象深刻，是由一个个瓷盘串联的，想象力十足。

龙舟文化的意象转化

岳阳大酒店

工程档案

项目地点　中国，湖南，岳阳

竣工时间　2015年

设计单位　广州集美组室内设计工程有限公司

主设计师　周海新

设计团队　周海新、刘锡硅、廖建飞、王美、吴玉娟

项目面积：28000平方米

摄影师：罗文翰

主要材料：西班牙米黄、拉丝古铜金属、艺术夹画玻璃、水曲柳木饰面、灰砖、艺术墙纸

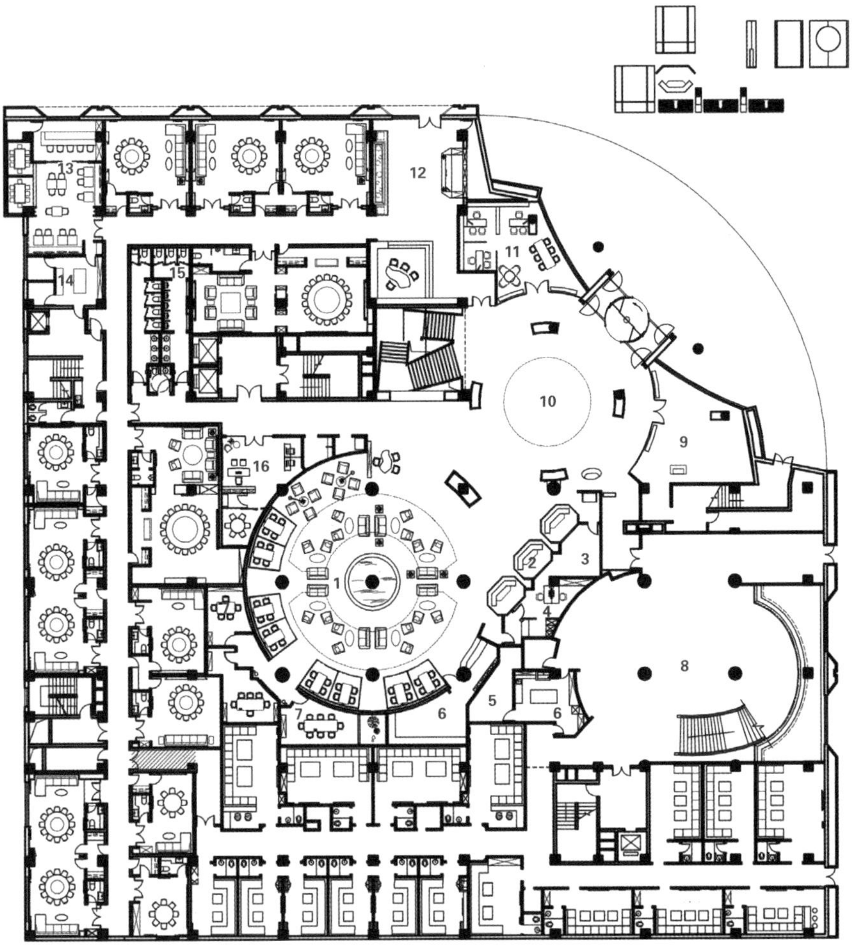

一层平面图

1. 大堂吧
2. 总服务台
3. 行李房
4. 前台办公
5. 仓库
6. 制作间
7. 茶室
8. KTV大堂
9. 精品商店
10. 前厅
11. 宴会预定区
12. 餐饮接待厅
13. 韩国风味餐厅
14. 备餐间
15. 卫生间
16. 商务中心

设计理念

湖湘地域文化主题，以龙舟文化为主线串联。谓之印象，意味着情感、积淀、格调。在湖湘民族文化里，龙舟文化无疑是一颗璀璨夺目的明珠，它是人民生活情怀与自然美态的纽带。龙舟文化是一种深厚的精神情怀，它以洞庭湖水为背景，展现出积极向上、喜庆祥和的生活景象，数千年来以生动活泼的形式承载着千年累积的文化信息，成为湖湘人民文化精神的内聚力量。

二层平面图

1. 中餐厅
2. 卫生间
3. 餐饮办公室
4. 大会议室前厅
5. 小宴会厅
6. 大会议室
7. 家具库房
8. 豪华房
9. 业务员休息室

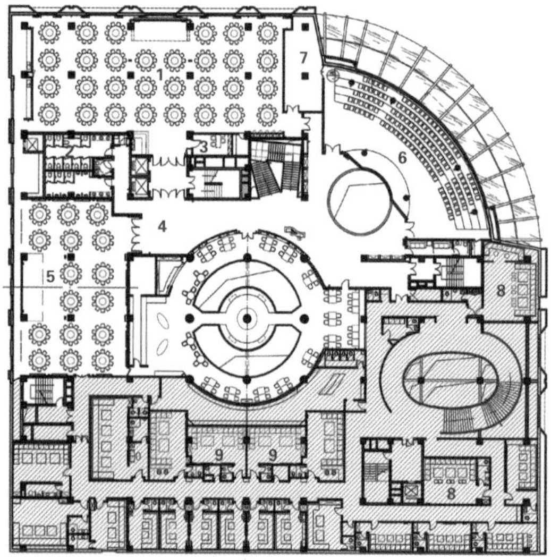

三层平面图

1. 厨房
2. 会议室
3. 多功能厅
4. 序厅
5. 多功能前厅
6. 贵宾室

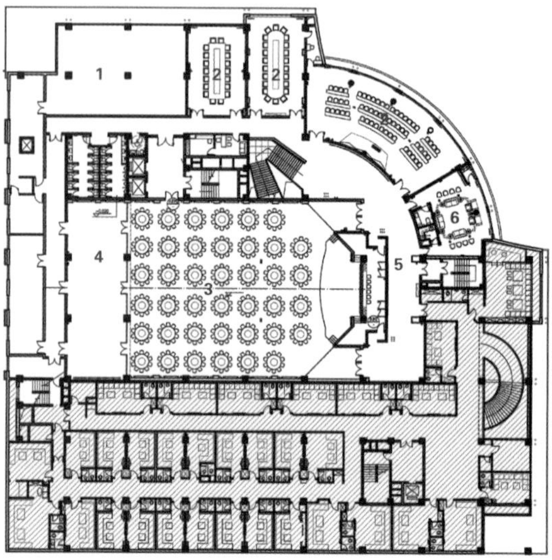

设计说明

整个酒店设计追求生活、文化与艺术的完美搭接，为宾客呈现一幅瑰丽惬意的龙舟文化意象画卷。将与龙舟文化关联的意象转化到空间界面，使空间成为文化的载体。

本案是一个改造项目，不同于新建成的建筑体，所有的设计条件都是基于原建筑的问题而出发设计的，往往多了不同角度的思考。难点在于其原建筑体的局限性，平层建筑，且单层平面面积过大，空间非常呆板，设计师花了很大力度在建筑空间的改造上，如首层前厅与大堂吧的中空，使空间变得更加生动，在一到三层的连通上，增加了一条非常灵动的钢结构步梯，首先满足了三层宴会层人员流通问题，楼梯也成了空间中一个亮点。改动结构的力度最大且结构难度最大的是三层的多功能厅，改造时，把整个内庭院楼板去掉，同时也去掉了六根结构柱，最终创造一个无柱网的大型空间，以满足大型活动空间的需求。在项目的设计过程中，业主对地域文化以及东方文化的执着与追求，也是设计的亮点。

兼具包容性的有机设计

工程档案

项目地点 中国，广西，柳州

竣工时间 2015年

设计单位 隐巷设计顾问有限公司

主设计师 黄士华、孟羿彣、袁筱媛

项目面积 9000平方米

主要材料 不锈钢烤漆、木头马赛克、染白橡木、黑橡木、凿面花岗岩、橘色亚克力板、强化玻璃、实木地板、植生墙、镜面不锈钢、黑铁、皮革、壁纸、壁布、月亮谷理石、银河灰理石

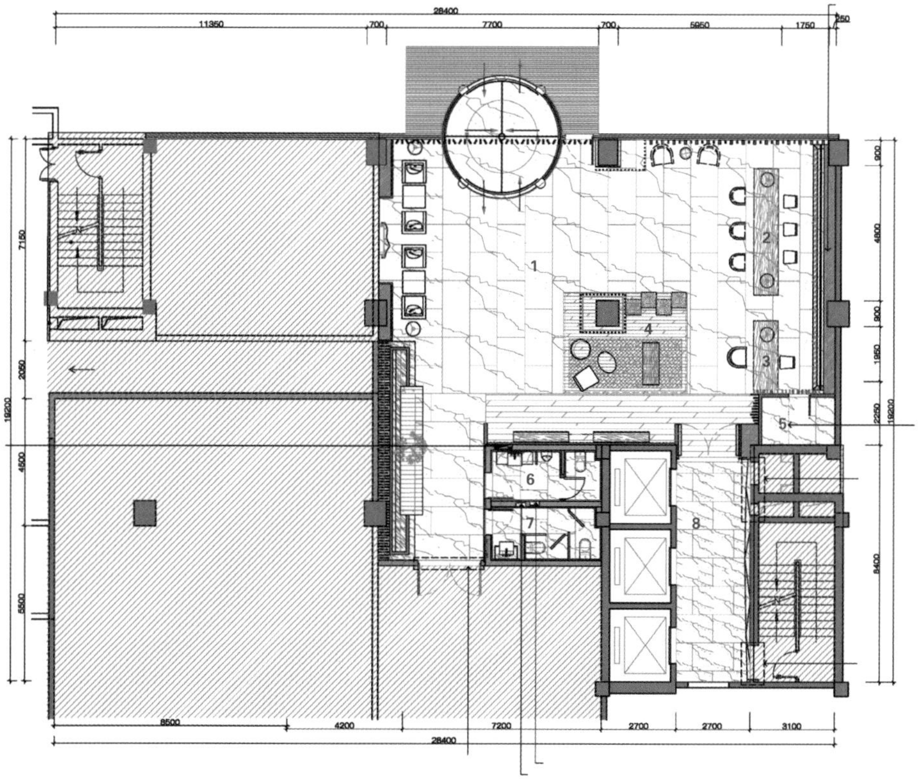

一层平面图

1. 酒店大堂
2. 迎宾柜台
3. 服务台
4. 等候区
5. 行李房
6. 男卫生间
7. 女卫生间
8. 电梯厅

设计理念

从建筑造景到大厅外观，设计师以兼具包容性的有机设计为核心，运用了大量的木头与石材作为装饰主材，借由贴近自然的材料质地，铺陈出温润质朴的亲切感受，让人徘徊其间、不舍离去。

设计偏向解构的手法，不拘泥于成规，让设计与空间的结合更趋合理也独具一格。酒店是环保的、绿色的、有机的。为顾客打造一场感官的体验，并且会让他们觉得“原来这样生活更令人舒适”。

设计说明

U 酒店的主色调是低彩度的大地色，希望让每一位顾客感受到静谧，仿佛处在山林之中。整个酒店令人感到心情明亮，每间客房都轻松舒服，大厅也让人徘徊不舍离去。在设计过程中，以人为本，使每位顾客都能以自己的角度去感受和欣赏。大厅使用了大量木材，应用在挑高的墙面或过道的墙面。

酒店各处都应用了这种材料，包括客房的装饰和家具，都使用了原木，并利用原石与毛石增加空间内的重量感，透过水瀑的涓涓细流。整体设计以有机作为呈现手法，希望和其他酒店不同。绿化与水声，使酒店在宁静中带有一些禅意。

附属于酒店的餐厅设计，延续有机设计的思维，并呼应酒店本身的品牌定位，以序列分明的原木饰条贯穿整个空间，延伸视觉至户外，让人忍不住想向外一探究竟，充分演绎了空间的解构与融合。

而通往室外用餐区的出入口，在巧思规划之下，利用不规则的图形板块进行堆叠，如此不拘泥于常规的手法，划分出多层次的地板空间，更让设计与空间结合出来的效果别具一格。

进入客房，迎面而来的是清新的木香，原木的骨干、象牙白的天花板及墙面搭配的暖灰色地毯、充满日式味道的内装设计，发挥了抚慰旅人舟车劳顿的作用。墙上的水墨画作，点缀其间让空间充满禅意氛围，同时使人心灵沉静。

酒店大艺术家

一间传达温暖的酒店

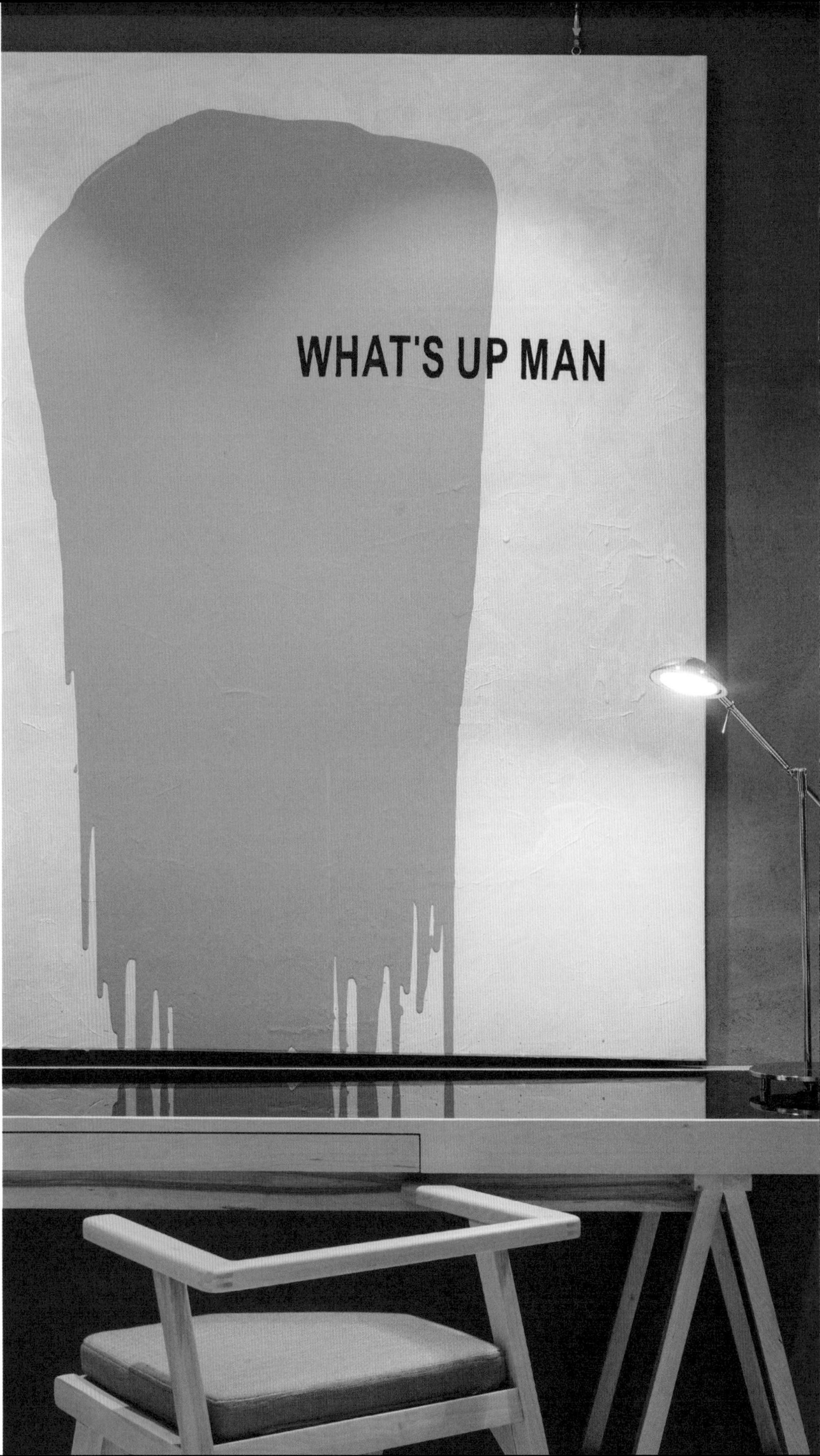

麦尖青年艺术酒店

工程档案

项目地点 中国，浙江，杭州

竣工时间 2016年

设计单位 唯想建筑设计（上海）有限公司

主设计师 李想

设计团队 范晨、陈丹、吴锋、张笑、任丽娇

项目面积 4500平方米

摄影师 邵峰

大堂层平面图

1. 大堂
2. 办公区
3. 仓库
4. 布草间
5. 水设备房
6. 咖啡厅
7. 卫生间
8. 室外露台

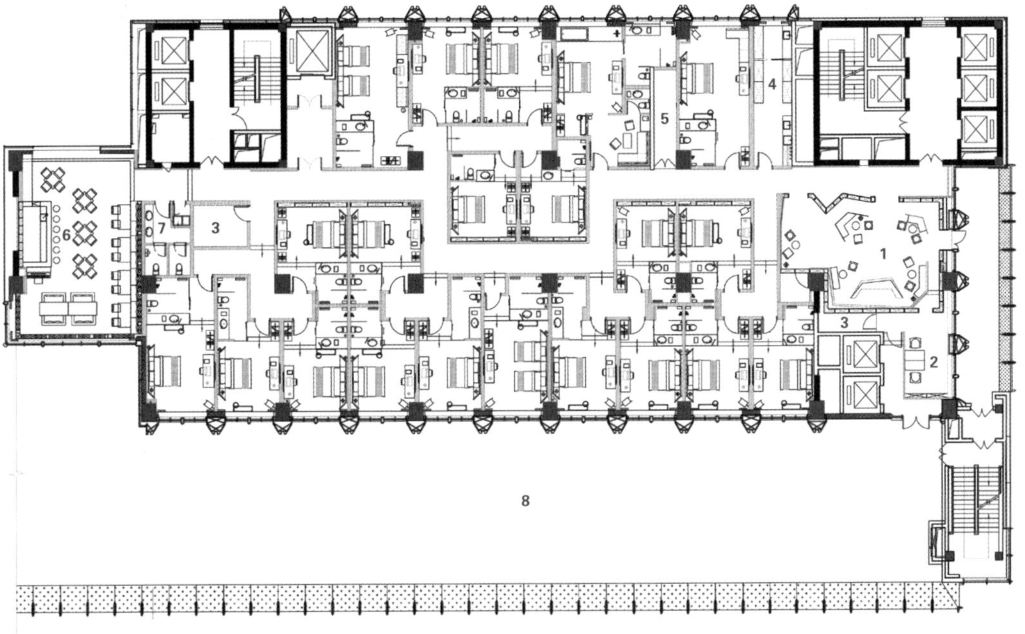

麦
WHEAT
尖
YOUTH ARTSHOTEL.

设计理念

麦尖青年艺术酒店定位为青年人，或认为自己还年轻的人。一间像画廊的酒店，一间使你愿意为他人献上一曲一画的酒店。总而言之，这是一间可以随时跟旅客调情而且传达温暖的酒店。

设计说明

麦尖青年艺术酒店坐落在杭州滨江区，星光大道商圈内。入口并不起眼，需要从商场内部进入到七楼。来到门前，门口墙壁上简单写着“麦尖”两字。设计师设计了一个小回厅在门口，人们需要看到酒店名字之后穿绕过回厅才能进入大堂。回厅的端景处，没有传统的条案配艺术品等装饰，而是一面酒店客房所有所需用品的立面展示，全部漆成白色，用玻璃封装成一个橱窗，玻璃外面用橙黄色大大地写着一个英文单词“hello”，像是客房里的所有物件齐聚一堂来欢迎即将入住的客人。

步入大堂，像书房，像客厅。四面墙都有书架，白色和玻璃的折纸形隔断把休憩与书架略作区分。吧台前的大狗像是代主人迎接客人的热情管家，拴住它的链条变成了排队线。设计师用跳棋来比喻每个人，所以在一面墙上用跳棋装点了一幅世界地图，寓意欢迎世界各地朋友来此一聚，并用跳棋来代表酒店的服务人员，所以设计师原创出跳棋一样的凳子，让人们可以坐在上面，像是一种服务的意识。

走廊的设计简练而有力，曲折向前，每个角落都有画作与涂鸦，更有部分空间用彩色跳棋来装饰天花，像彩虹糖般甜蜜。

how is going today

设计师用日常人们热爱的音乐、绘画与书籍来装点整个酒店的氛围，每层的走廊公共休息空间设有钢琴，让客人自娱自乐，同时分享音乐带来的魅力，作为陌生人之间的交流工具。

客房里临窗的画架，是设计师特意为每个客人准备的，希望每个人都留下珍贵的片刻。电视被一幅巨幅画遮挡，画作可以拉动，画作上写着打招呼的语言。设计师希望用简练的家具来描绘干净简洁的空间。书桌、床、衣架的功能与美学巧妙结合。

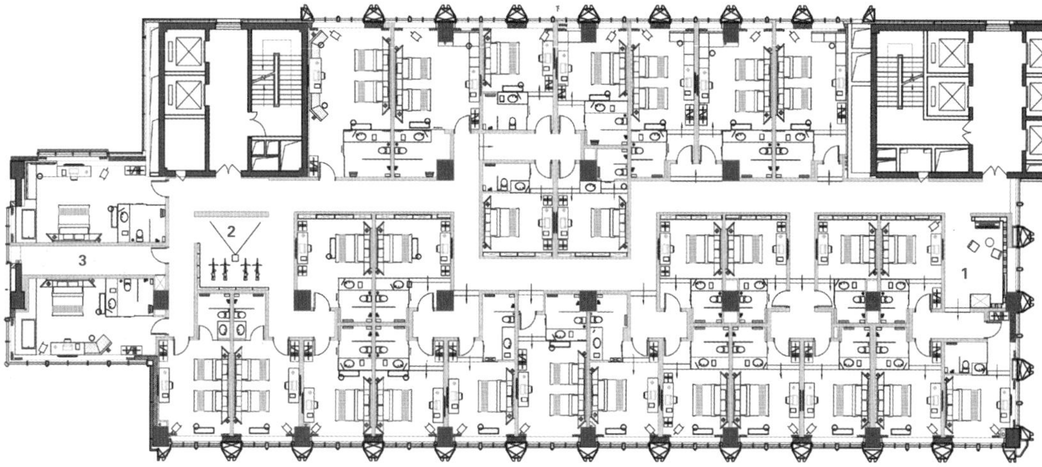

客房层平面图

1. 书房
2. 健身单车区
3. 布草间

WHAT'S UP MAN

OU ALLRIGHT

WHAT'S UP MAN

历史与现代的交融

工程档案

项目地点 中国，贵州，安顺

竣工时间 2016年

设计单位 山隐悦界（北京）空间设计有限公司

主设计师 郭明

项目面积 1800平方米

摄影师 张毅

主要材料 实木地板、夹纱玻璃、山西黑石材、杉木板做旧、屯朴石、钢化玻璃

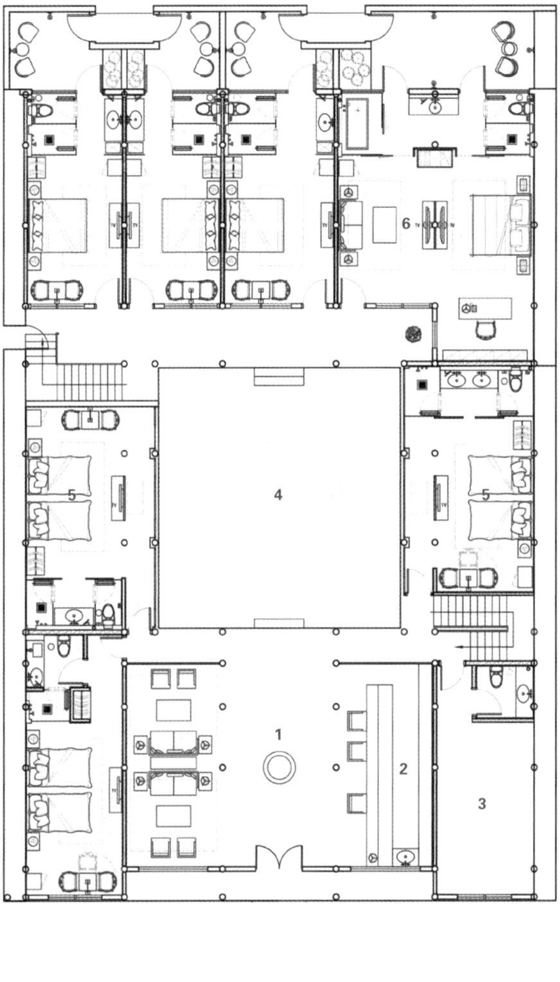

一层平面图

1. 大堂
2. 总服务台
3. 员工休息室
4. 内天井
5. 双人间
6. 豪华套房

设计理念

旧州古宅原型是当地的官署衙门，现如今设计师将这座老宅改造成为艺术客栈。客栈本身历史悠远，又置身于百年建筑群落之间，设计师对历史与现代的适度切割，体现出对历史与现代的精准把握。

设计说明

街道两边典雅别致的砖木房子构成了旧州古色古香的建筑风格。四合院落、青石天井、木屋檐廊、雕窗石门，屯堡建筑融合着南方建筑的精巧特色，又展示着独特的石头工艺。设计师大胆保留原建筑独有的清韵，选用传统石头垒砌外围墙体，既保证一宅一户的私密性和安全感，又达到良好的隔音效果。园内层层窗格，传统的雕镂窗花融合现代的天窗设计，解决了采光的难题。空间排布上，天井的虚与房屋的实有效融合成整体，借助青葱绿植、斑驳光影，形成连续而深入的层次感，依次递进，仿佛穿越历史，追忆600年间古宅见证下的峥嵘岁月。

如果说，庭外布局是屯堡文化和南方古建的缩影，那庭内景观便是设计师融汇古今、独具匠心的巨酿。进入前厅，方格石板间，大堂中央处，引人注目的圆形佩环上伫立着梯柱形木质圆桌，体现着自古以来天圆地方的融合。圆桌上擎起的梅花，在瓦罐中、灯光下显得格外美好。球形的吊灯设计，散发着温暖舒缓的光，为踏门而入的归客带来一丝悦心之感。设计师将家居式的堂屋改为南方特色的客栈前台。用古旧青石为原料搭建起服务台，选用旧式木质扶手座椅，为客栈平添了一抹岁月的痕迹。

古老的院落融合现代的工艺，酿造出精妙的创意——玻璃盒子的概念，并将其转化为通体透明的现代咖啡馆。夜幕降临，如潜藏山谷中的一盏孔明灯，飘飘然绽放在古朴群落中，象征着美好与和平。推开客栈的雕花房门，设计师沿袭南方穿木结构，多元的层次赋予空间以可能性。卧室里，辅以玻璃隔断，低调中透露着现代设计的隐性思维。古风装点的水墨画与蜡染工艺的床饰用品相映成趣。阳光透过雕花木窗在木质地板上映射出斑驳倒影，无形中勾勒出宁静乡村的自在恬淡。好的设计总是从顾客的需求出发。通体透明的咖啡馆，巧妙地操纵着阳光、阴影与气流，双重复合的设计无不透露出设计师的匠心独运。澄澈舒爽的游泳池，带来休闲度假的惬意舒畅。约三五好友入池嬉戏，而后移步咖啡馆内落座闲谈，享受与自然的亲密接触。

大隐于市

苏州漫心·棠隐酒店

工程档案

项目地点 中国，江苏，苏州
竣工时间 2017年
设计单位 苏州黑十联盟品牌策划管理有限公司
主设计师 徐晓华
项目面积 1500平方米
摄影师 潘宇峰

一层平面图

1. 前台
2. 休息区
3. 会议室

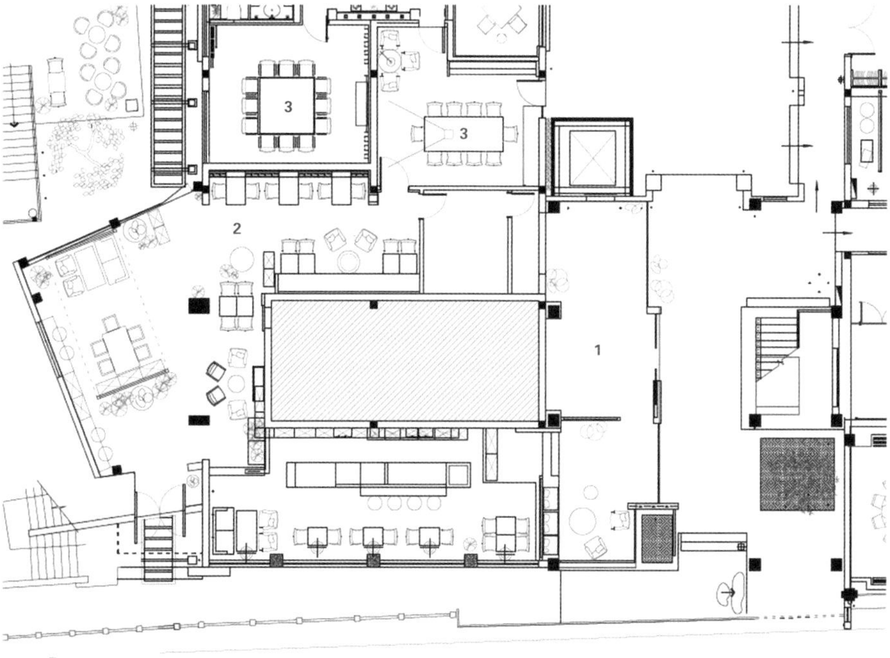

设计理念

设计漫心·棠隐酒店的起心动念，源于平江河对岸摇曳生姿的夹竹桃。设计师为酒店客人构思出一幅诗情画意的场景：落座窗边，悠然度日，与穿过夹竹桃枝叶的船家打招呼。他将这份有关江南水乡、小桥流水的美好想望，安放在烟火升腾的平江路上。平江路是最具江南特色的水弄堂，水陆并行、河街相邻，这里有曲水人家的扫洒忙碌，有吴侬软语的家长里短，有特色小吃，也有民间工艺。这里的每一座小桥，都有一个诗情画意的名字，这里的人间烟火，成就了漫心·棠隐的大隐于市。

二层平面图

1. 天井
2. 会议室
3. 客房

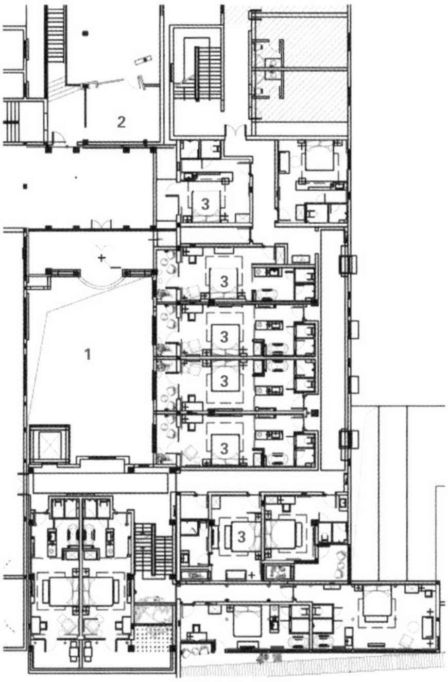

三层平面图

1. 天井
2. 会客室
3. 布草间
4. 客房

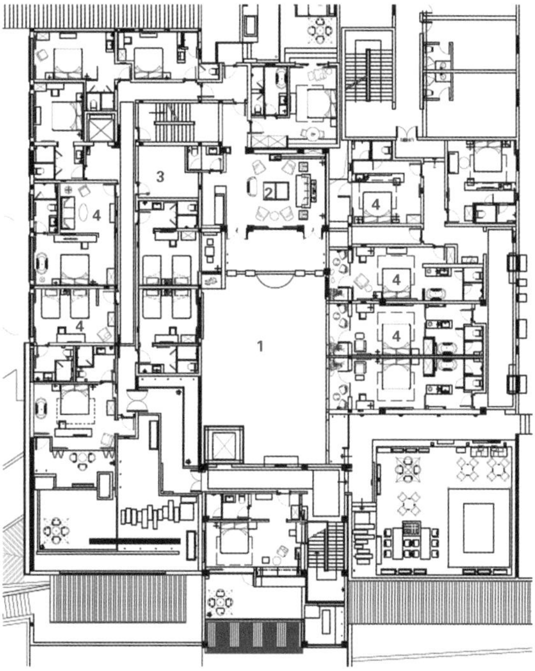

设计说明

整个酒店有一个基本时间轴的设定。从沿平江路的明清建筑外部逐渐过渡到内部民国建筑风格，两侧的建筑又是新中国成立以后建成的“吴县丝织厂”，时间跨度让建筑成为有故事的载体。材料方面，选取有温度感的老材料，进行了全新的组合，在古老的苏州城与现代舒适的生活体验之间建立关联，打造一个收录了苏州风物人情的重逢之境。漫心·棠隐酒店做了一个颠覆性的尝试，把传统酒店的大堂吧升级为一个有趣的空间——花吉社，所有美好的事物都可以在这里跨界相聚，有趣而“会玩”的人们在这里结缘相遇。设计师赋予这个空间以无数的可能性，这里不只是咖啡吧，也不只是酒吧，今后它会有设计师匠心独运的文创产品，还会有丰富精巧的特色活动，各种美妙的元素在咖啡因和酒精的作用下加乘发酵，带来不期而遇的惊喜。

现代美学的演绎

璞树文旅

工程档案

项目地点 中国，台湾，台中

竣工时间 2015年

设计单位 周易设计工作室

主设计师 周易

设计团队 辛佳臻、黄毓翎

项目面积 421.8平方米

摄影师 王诗云（三境摄影企划事务所）

主要材料 铝格栅、铝包板、大理石、654石材、镀钛板、旧木料、镜面不锈钢、橡木染黑木皮、梧桐木钢刷、秋香木木皮、木纹砖、文化石

一层平面图

1. 大堂
2. 吧台

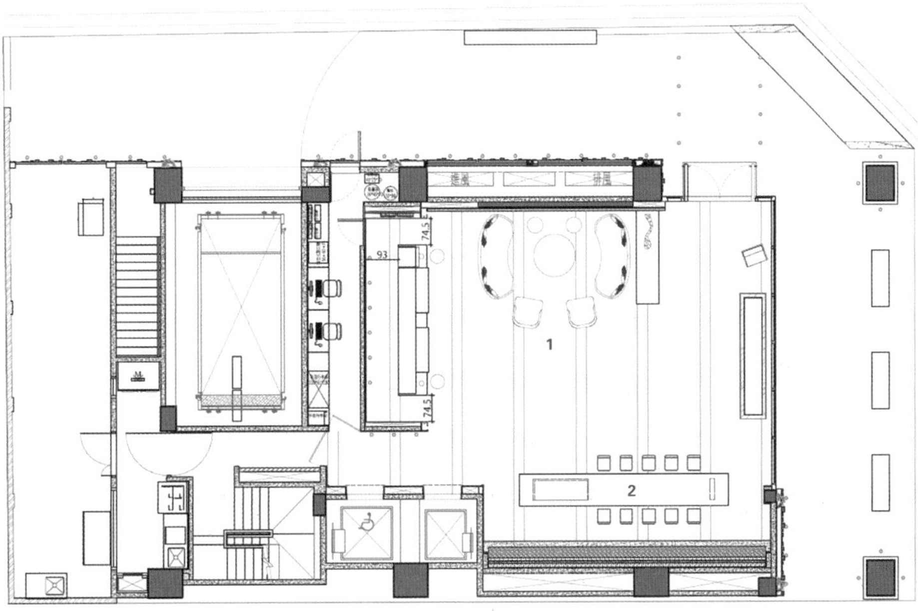

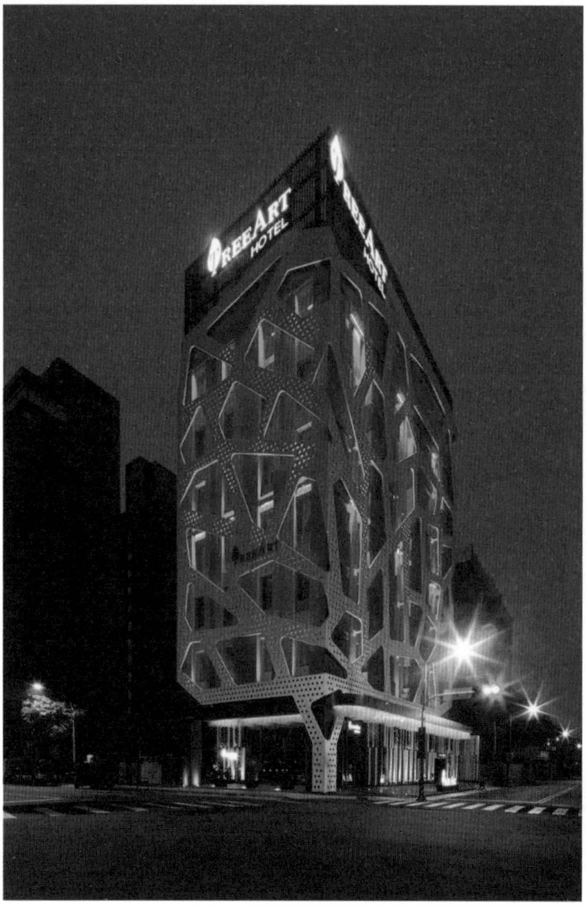
TREEART
HOTEL

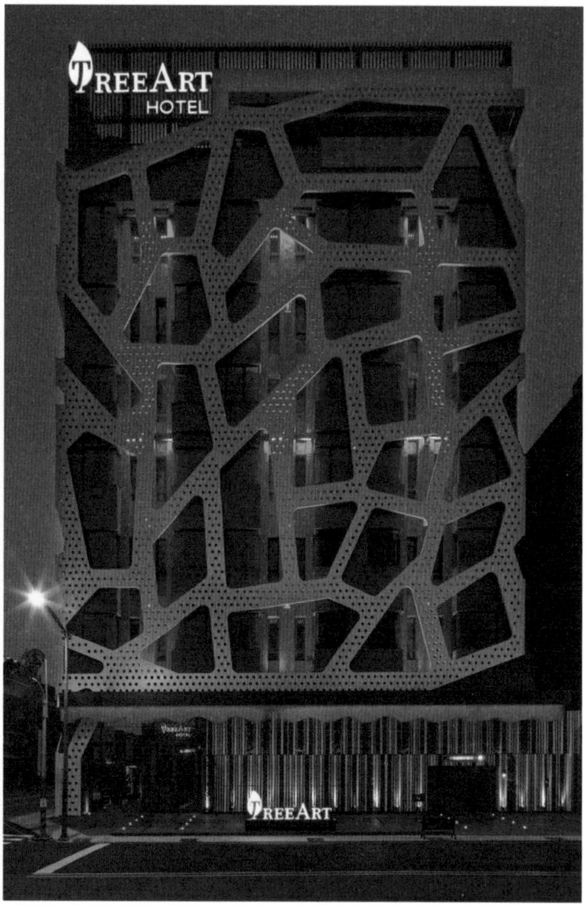
TREEART
HOTEL
TREEART

TREEART
HOTEL
TREEART

设计理念

枝叶繁茂的大树，总是让人感觉生机盎然。而坐落于台中逢甲商圈的璞树文旅是一栋以树形冲孔金属构件包裹的摩登建筑，无论白天夜里，都是一座城市耀眼的聚焦光点。醒目的外观融合了不退流行的自然语汇，多孔状的造型软化量体的冷硬，炫丽多彩的前卫灯光更是神来一笔。而由周易设计统筹规划的骑楼、挑高迎宾大厅以及附属公共设施等单元，绝对是为建筑锦上添花的现代美学重头戏。

立面图

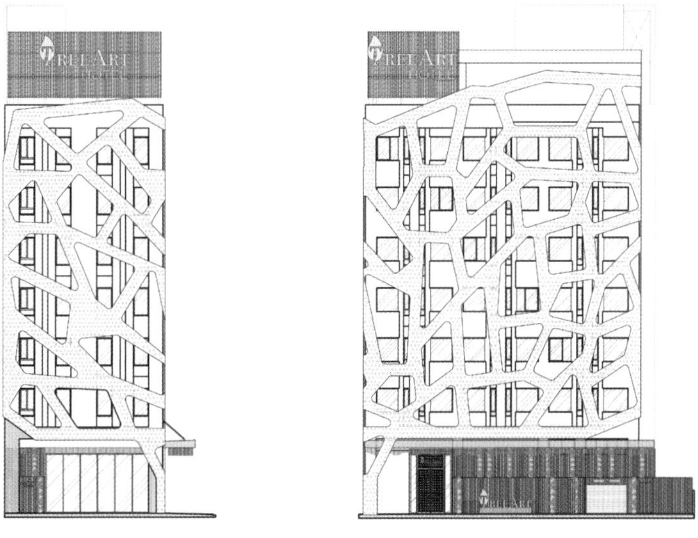

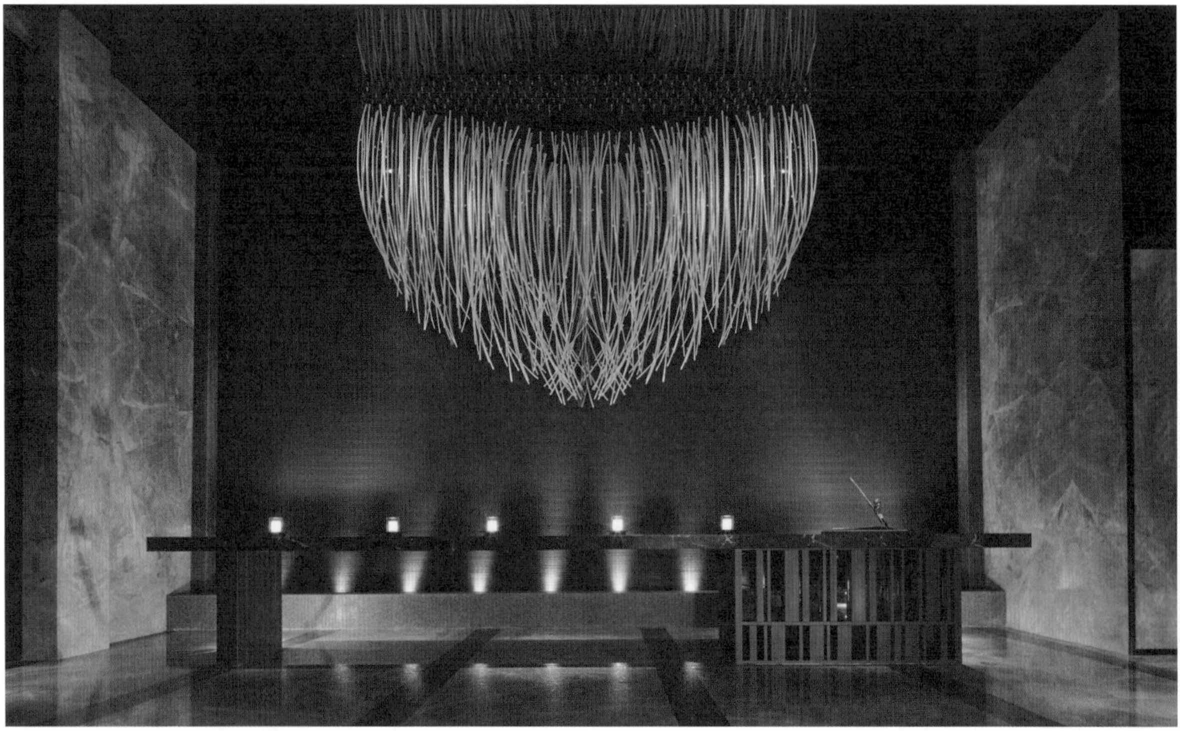

设计说明

一楼入口骑楼导入自然、时尚和文创等主题概念，天花板湛蓝的波浪光带，以大量不同长度的亚克力棒勾勒流畅波弧，衬以 LED 彩光来烘托流动的光谱，墙面造型则以灰阶渐层的方管格栅乱序排列，其间穿插植生墙的软元素，在洗练的律动中保留人文的暖度。

迎宾大堂体现了多元美学的撞击、融合，令人印象深刻。挑高的大厅三面各有主题，首先是面贴黑色刻沟大理石的水幕造型墙，刻意低调的灰黑色阶衬着流动水波，淙淙声响特别有种疗愈的魔力，和缓滋润着旅途中警敏易感的心灵。水幕墙上方使用凹弯的亚克力须，扎出树枝状、类心形的浪漫装置艺术，内置点点星光投影在上方

的黑镜天花板上，任谁都会涌出恋爱的情愫。墙前设置石材长台，平时也当作时髦的酒吧来使用。柜台量体的设计也非常讲究，搭配双色石材并作皮革面处理，对话上方与背景的格栅线条，宁静致远的氛围中，展现精益求精的细节。与水幕墙对望的是科技感十足的拟真壁炉，由LED投影的火光隐喻宾至如归的温馨，壁炉上方大胆使用旧木料镶嵌并缀以金属饰条，古朴的树皮肌理与金属的犀利，形成感官上的强烈反差。大厅挑高的天花板造型惊艳，个别悬挂方式高低错落的群聚云朵以镜面不锈钢打造，透过镜面中各种角度反射的厅内影像，让众人仰角的视线从此充满惊奇。

二楼夹层区规划成了多功能休闲区，设计师考虑多人共享的必要性，以电视墙和木制大长桌为轴心，两侧安排平行的靠窗长台和供餐吧，全天候提供住客丰盛美味的餐饮服务，大量木质打造的空间温馨而舒适，书柜的设计增添闲逸慵懒的人文气息，另有拉门界定的独立包厢，可满足商务、会议、主题聚会的需求。

夹层平面图

1. 自助吧
2. 男卫生间
3. 女卫生间
4. 会议室

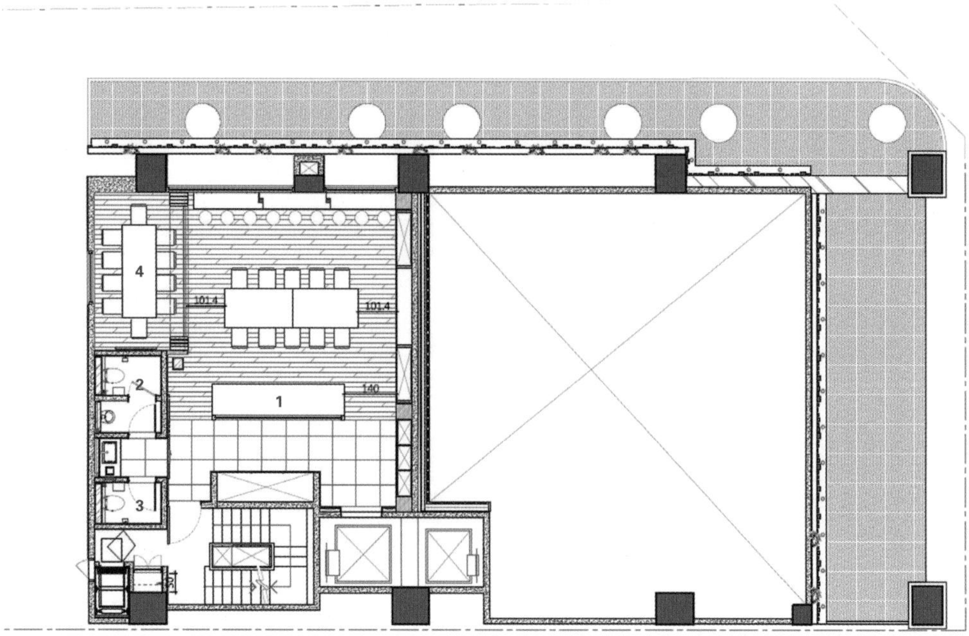

顶楼规划天空酒廊，四面皆是落地大窗，加上可隐约见到云朵飘过的格栅天顶，宛如玻璃屋的现场，极目远眺，整个大台中的腹地美景尽在脚下。设计师特地沿着窗边设置舒适的沙发卡座，让天光、星光、月光都一并收进美好的记忆里。一旁还有两座背靠植生墙的发呆亭，刷成深木色的金属格栅构筑出类似鸟巢的休憩单元，置身其间有海岛别墅般的馥郁异国风情。

闲适度假风情

徜徉在海子的梦乡

三亚洛克港湾

工程档案

项目地点 中国，海南，三亚

竣工时间 2017年

设计单位 上上国际（香港）设计有限公司

主设计师 曾宪明

项目面积 35000平方米

摄影师 曾宪明

主要材料 石材、木饰面、金属、树脂板、夹丝玻璃、皮雕、烤漆板等

四层平面图

1. 销售中心
2. 吧台区
3. 服务台
4. 等候区
5. 大堂接待
6. 电梯厅
7. 后勤办公室
8. 女卫生间
9. 男卫生间
10. 办公室
11. 总监办公室
12. 女更衣室
13. 男更衣室
14. 水吧
15. 露天吧
16. 游泳区

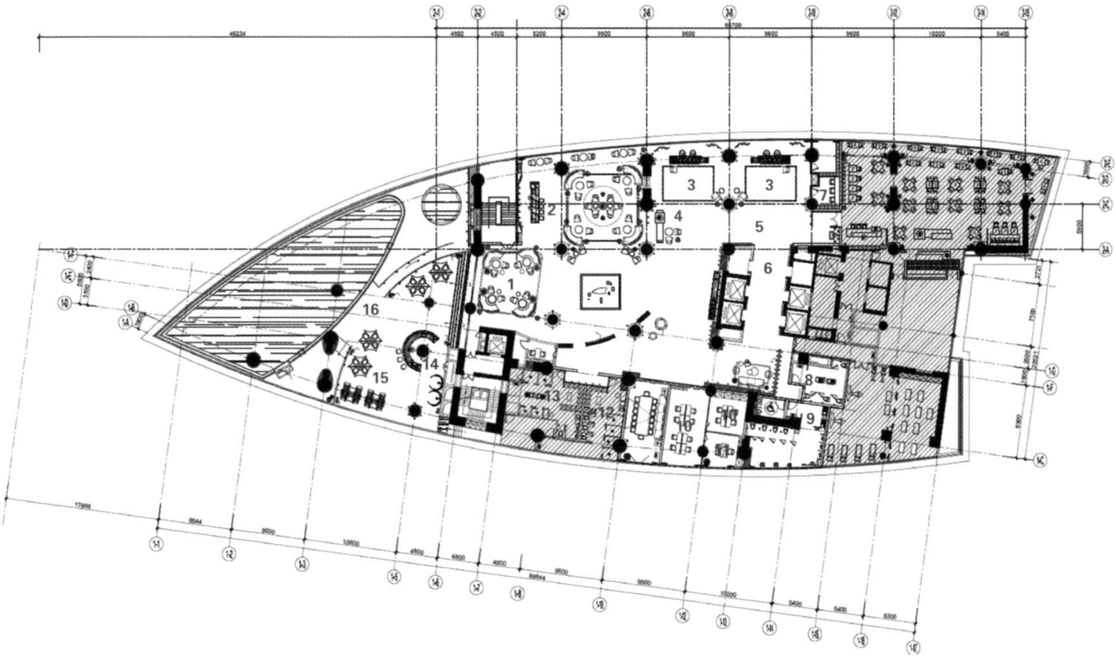

设计理念

本项目位于三亚湾椰梦长廊海边，270 度的海景体验，专为度假设计，让体验者享受最美的风景。设计师通过建筑和室内设计的语言表达想要的主题——你来或不来，海都在这里，优雅于海上，舞一曲繁华。

设计说明

大堂的主背景采用山水云石结合艺术木质框架，松柏层层叠峦，让人看进画里，又从画里面走出来。整个空间给人以一种稳健、沉着之美，情境又让人回忆起一个长长的故事：海螺被浪拍打到岸边，飞鸟划过天际，大自然的色彩沉寂或活泼。自然材质的不同碰撞，融合主题，给人以情理之中又出乎意料的场景感，整个空间色调干净明亮，大气而有气质，置身其中舒适自然。设计师通过建筑与室内的关系、色彩与材质、纹理的碰撞表达着对空间及氛围的理解。吧台背景用海浪的形态，在大海的低吟浅唱里，静述时光。在色彩的选择上，选用安静沉稳不失活泼的黄色搭配大量的低调简约灰白，打造出空间的通透感与舒适氛围。

细节成就品质，大空间藏小细节。家具、饰品的大胆用色，使整个空间充满了碰撞的活力。橙色如火，感受的是热情和张力；绿色摇曳，如海风轻抚，让人忍不住想让时光在这暖色的海洋里静止。

该项目的特色在于颜色和材料的选择，每个房间都有特定的颜色，云的洁白、海的蔚蓝、沙滩的金色，设计师用色彩表达不同的情感空间。

CENTURY

以现代设计为特征，空间构成强调舒适性和功能性，同时坚持优雅，结合木材、金属、玻璃、石材、有光泽皮革等优质材料，完成低调的光彩，造就温暖迷人的空间。灰蓝色地毯，隐约可见的定制纹路犹如海浪慢慢爬上来，恰好铺衬出家具的亲肤感。金属与皮革的结合、木质与大理石的碰撞、冷色调挂画懒懒地依在客厅，让留白的墙面尽显故事，凸显出时尚和品位。简约灰色格调，创造真实性和独特性，展现设计师对空间的想象力。

海之韵

保利银滩海王星度假酒店

工程档案

项目地点 中国，广东，阳江

竣工时间 2015年

设计单位 广州道胜设计有限公司

主设计师 何永明

项目面积 22800平方米

摄影师 彭宇宪

主要材料 新古堡大理石、黑洞大理石、花岗岩白色人造石、巴洛克金大理石、文化砖、木饰面、生态木、玫瑰金拉丝面不锈钢、黑镜钢拉丝面、夹丝玻璃、铝镀黄铜管

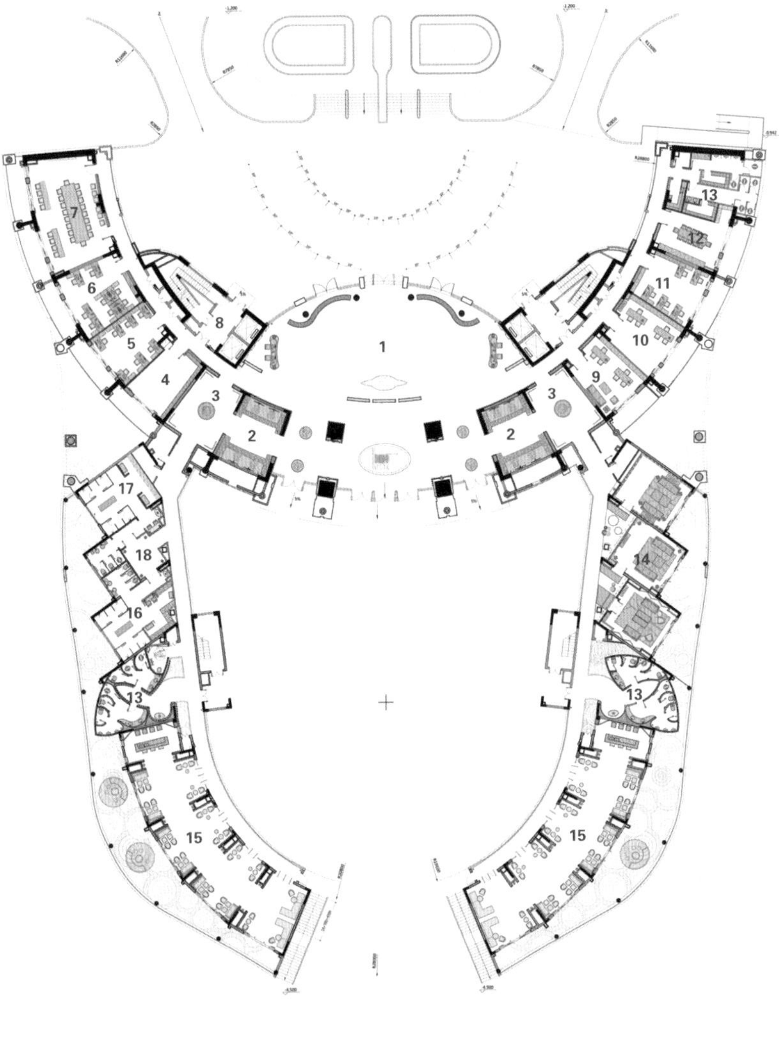

平面图

1. 大堂
2. 影视区
3. 过厅
4. 资料室
5. 物业办公室
6. 代理办公室
7. 会议培训室
8. 合用前室
9. 律师室
10. 财务室
11. 营销部
12. 休息室
13. 卫生间
14. VIP 签约室
15. 洽谈区
16. 男更衣室
17. 女更衣室
18. 休闲洗浴区

设计理念

本项目位于阳江，旅游资源十分丰富，山海兼优。独特的自然景观，悠久的历史和多姿多彩的地方风情，具有很大的开发潜力。

四周环海的条件让整个设计将海的元素以及灵魂延伸到整个室内空间。设计本身希望将自然风光尽可能多地引入室内，借由借景的手法让整个空间充满活力，一些水元素的应用让空间沉稳中带有一丝丝清凉，如沐浴在海风之中。

设计说明

整体空间色调沉稳，浅蓝色家具搭配硬装的暖色灰调，使整个空间氛围舒适而宁静。生态木的质朴结合大理石的刚毅，使画面大气之余更显端庄，在沉稳的气氛中处处流露自然的气息。略带中式韵味的家具与饰品，更突出空间的独特品位。天花上的吊灯好似鱼儿吐出的一串串泡泡，在欢快地游来游去，为空间平添几分雅趣，也仿佛让人置身在宽阔的大海，得到身与心的放松。

空间布局遵循着建筑的走向，顺势而为，对称的建筑布局沉稳大气，宽敞的大堂能够让到访者放松心情，贵宾区向两边延展，平面布局采用中国传统园林以及日本枯山水的表现手法，将整个空间打造成度假休闲、高端有品质感的接待中心和度假酒店。

在过道中，把单一的大空间分隔成若干个小空间，相互连绵、延伸。用石子搭配木条，创造出自然休闲的视觉效果，简洁的落地雕塑在打破空间沉闷的同时，与周围气氛相得益彰。

回归古朴

黄丝江边度假酒店

工程档案

项目地点 中国，贵州，福泉

竣工时间 2016年

设计单位 贵州大唐设计顾问有限公司

主设计师 唐应强

项目面积 10000平方米

摄影师 夏小军

大堂层平面图

1. 入口
2. 大堂
3. 服务台
4. 等候区

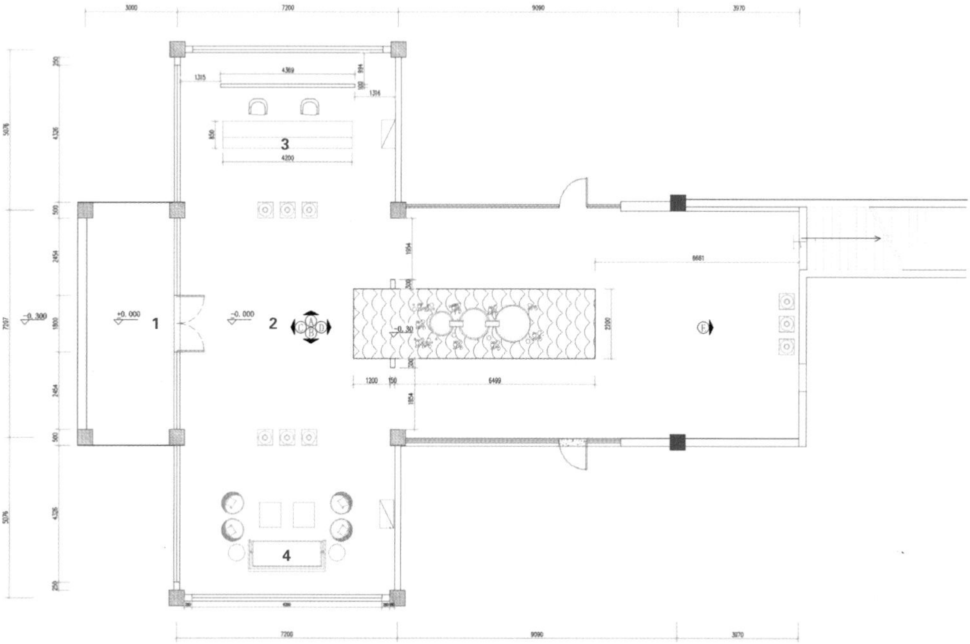

设计理念

黄丝江边度假酒店共计10000平方米，整个酒店坐落于群山之间，为旧建筑改造项目。山下有少数民族村落，周边有农业观光，酒店在山巅，四周被植被环绕，植被茂密异常，形成一个天然氧吧。酒店与山为伴，回归古朴，传达“采菊东篱下，悠然见南山”之意境。

设计说明

一进大堂，抬眼就会看见以榫卯大梁层层叠加的空间，屋顶由此变得轻盈。竹与水环绕在中庭里，光线穿过玻璃屋顶照射下来，碧波荡漾，竹与光摇曳呼应。推开房门，山林如私家庭院，雨雾弥漫，漫步小道间，溪水潺潺于山间，余音袅袅于山上，世事烦恼皆如剥丝抽茧而去。

山水是中国人情思最厚重的沉淀，庭院房所围土坯墙，造型来自汉代，低矮的土墙，让人的交流放下戒备。庭院土墙所用材料是就地取材。

空间布局上没有过多烦琐的布局，以光为影，整个空间被赋予中国文化云淡风轻的气质。

呼应自然之美

云何住

工程档案

项目地点 中国，云南，大理

竣工时间 2015年

设计单位 自然家

主设计师 易春友

项目面积 1000平方米

摄影师 杨俊宁

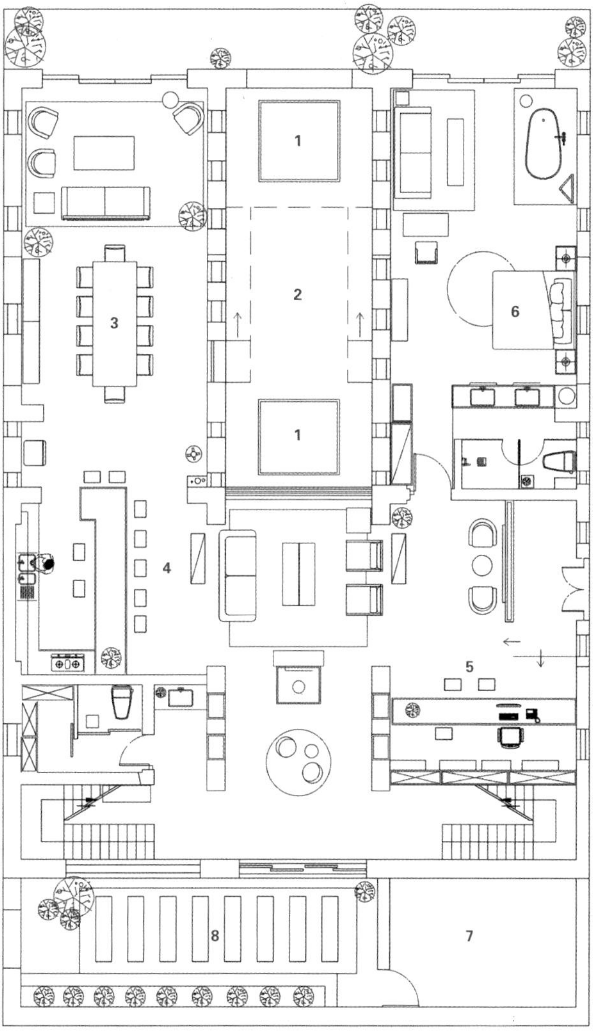

一层平面图

1. 平台
2. 水池
3. 餐厅
4. 酒吧
5. 前台
6. 客房
7. 机房
8. 花园

设计理念

云何住，取自《金刚经》：“应云何住，云何降服其心。”云何住位于大理双廊，酒店主体建筑部分由本土建筑设计师八旬精心打造，坐落在洱海边，三层白族式建筑，户户无敌海景。这是一座使用了较多本地石材及采用白族的建筑特色建造起来的别墅。业主希望这是一个让人身心安静的场所，又不失现代与舒适感。在敞开式的空间设计里，处处可体验如水流动般的生命质感。“心外无物，闲看庭前花开花落；去留无意，漫随天外云卷云舒。”用这句话来形容它，是再恰当不过了。

设计说明

1000 平方米的建筑面积仅有 6 间客房，户户海景，这也是双廊古镇唯一以静心禅修为主题的会所式酒店。

在彩云之南，洱海之滨，云何住直面苍山，呼应自然之美。设计逻辑源自空间与地貌景观的内外一致。白墙、青瓦、粗犷的本地青石是房子的主要特征。以此为前提，独立设计师易春友首先从室内物料的选材搭配与限定开始切入室内设计。

设计师用一年时间来挑选天然物料并亲自为空间设计了大量物品，包括家具、灯饰和日常用品等。家具部分由回收的老榆木制作，气质独特的灯具由竹材制作，还有手工编织的麻草窗帘。纸、麻、棉等面料在这里得到了广泛使用。为六个不同名字的房间而定制的六款茶具器皿，则是由泥土及柴火烧制。

自然物品的贴心搭配，视觉层次分明而丰富、温暖而柔软、舒适而自然，充满生命的质感。从空间到物品，设计摒弃了造型的非必要元素，使室内的视觉得以净化，通过对事物的专注观察而让人安静愉悦。而宽敞合理的动线和精心的摆设让人像鱼一般游走其中，感受自然的存在。

远道的客人，可安坐在这里，烤着炉火，端起杯中的热茶，聆听洱海的声音。

索引

自然家

周易设计工作室

Z

中国美术学院潘天寿设计院七所

Y

隐巷设计顾问有限公司

X

香港高迪愙设计事务所（北京）

吴恙（深圳）室内设计公司

W

唯想建筑设计（上海）有限公司

图书在版编目（CIP）数据

中国印象．酒店 / 陈卫新编．—沈阳 ：辽宁科学技术出版社，2019.1
ISBN 978-7-5591-0034-4

Ⅰ．①中… Ⅱ．①陈… Ⅲ．①饭店—室内装饰设计—中国 Ⅳ．① TU238.2

中国版本图书馆 CIP 数据核字（2018）第 000890 号

出版发行：辽宁科学技术出版社
（地址：沈阳市和平区十一纬路 25 号 邮编：110003）
印 刷 者：上海利丰雅高印刷有限公司
经 销 者：各地新华书店
幅面尺寸：185mm×250mm
印　　张：16
插　　页：4
字　　数：200 千字
出版时间：2019 年 1 月第 1 版
印刷时间：2019 年 1 月第 1 次印刷
策 划 人：赵毓玲
责任编辑：杜丙旭 李　红
封面设计：关木子
版式设计：周　洁
责任校对：周　文

书　　号：978-7-5591-0034-4
定　　价：138.00 元

联系电话：024-23280367
邮购热线：024-23284502
E-mail: 1076152536@qq.com
http://www.lnkj.com.cn